博弈
智慧

权衡利弊，
追求最优结果的一门学问

王登举◎编著

北京日报出版社

图书在版编目（CIP）数据

博弈智慧：权衡利弊，追求最优结果的一门学问 / 王登举编著. -- 北京：北京日报出版社，2025.2.
ISBN 978-7-5477-5071-1

Ⅰ.O225

中国国家版本馆CIP数据核字第2024QU8462号

博弈智慧：权衡利弊，追求最优结果的一门学问

出版发行：	北京日报出版社
地　　址：	北京市东城区东单三条8-16号东方广场东配楼四层
邮　　编：	100005
电　　话：	发行部：（010）65255876
	总编室：（010）65252135
印　　刷：	三河市华润印刷有限公司
经　　销：	各地新华书店
版　　次：	2025年2月第1版
	2025年2月第1次印刷
开　　本：	710毫米×1020毫米　1/16
印　　张：	14.5
字　　数：	205千字
定　　价：	58.00元

版权所有，侵权必究，未经许可，不得转载

序　言

博弈，追求"最优解"的智慧

　　博弈，听上去有些神秘，似乎距离我们的生活很远，可事实上，大到国与国之间的制衡，企业与企业之间的竞争，小到每一个个体的人生，处处都有博弈的影子。当我们面对某个棘手的问题时，开始权衡利弊，寻找最优解；当我们把别人的考量纳入自己的策略之中时，我们就不可避免地要成为博弈的"局中人"。

　　"博弈"这个词语由来已久。《论语·阳货》就提到了"博弈"："饱食终日，无所用心，难矣哉！不有博弈者乎？为之，犹贤乎已。"不过，那时的博弈本意指下棋，但无论是围棋、象棋等棋类游戏，还是竞技、战争等对抗活动，实际上都蕴含了博弈的智慧。博弈不是"非输即赢"的斗争。事实上，博弈更讲究"均衡"，即在面临多种选择时，要理性地做出判断，做出优先条件下的最优选择，这就是所谓的"最优解"。

　　随着时代的进步和科学的发展，博弈理论逐渐从实践经验中抽象出来。进入20世纪，在美国数学家约翰·冯·诺依曼等人的努力下，一门独立的学科——博弈论诞生并取得了长足发展。从学术的角度来看，博弈论就是"研究决策主体在直接相互作用时如何进行决策以及这种决策如何达到均衡的问题"。博弈论以其独特的视角和深刻的分析方法，为我们理解世界提供了新的工具。它不再局限于简单的游戏和竞技，而是广泛应用于政治、经济、社会、文化等多个领域，成为现代社会决策分析的重要工具。

博弈智慧
权衡利弊，追求最优结果的一门学问

博弈对个人和社会的重要作用和意义不言而喻。在个人层面，博弈智慧可以帮助我们更好地应对生活中的各种挑战和困境。无论是职业选择、投资决策，还是人际关系处理，我们都需要运用博弈的智慧，在有限的条件和既定的要求下，从繁多的关系中寻找出适宜、有效的"最优"解决方案。通过学习和掌握博弈理论，我们可以提高自己的决策能力，减少盲目性和随意性，从而在生活中取得更好的成果。

在社会层面，博弈智慧同样具有重要意义。社会的进步和发展离不开人们之间的合作与竞争，而博弈理论正是研究合作与竞争关系的有效工具。通过博弈分析，我们可以更深入地理解社会现象背后的本质和规律，为政策决策、经济决策、环境决策和社会治理提供科学依据。同时，博弈智慧也有助于促进人与人之间的和谐共处，减少冲突和矛盾，推动社会的稳定与和谐发展。此外，博弈的过程往往伴随着对已有规则的突破和对新策略的探索。这种创新思维不仅可以为个人带来成功，也能为整个社会带来新的发展机遇。

博弈的实际应用极为广泛。在商业领域，博弈智慧可以帮助企业经营者分析市场竞争态势，制定有效的竞争策略，以应对复杂的市场变化；在职场上，博弈理论可以为求职者提供决策支持，综合考虑兴趣、能力、薪资、其他竞争者等因素，采取最佳策略，找到最有利于个人发展的工作选择；在人际交往中，博弈智慧可以帮助我们更好地理解他人的意图和需求，建立良好的人际关系；在科学研究中，博弈理论也为研究者提供了新的视角和方法，推动了学术的繁荣与进步。

然而，我们也要清醒地认识到，博弈并不是万能的。在实际应用中，我们需要结合具体情况，灵活运用博弈智慧。同时，我们也要警惕博弈可能带来的负面影响，如过度竞争、利益冲突等。因此，学习和掌握博弈智慧需要我们具备深厚的理论素养和丰富的实践经验，并且在实践中不断探索和创新，这样才能更好地解决各种博弈问题，提高我们的决策能力和创新能力。

目 录

第一章　引入策略：摆脱博弈中的思维桎梏

1. 策略化思维，在博弈中无往而不利　　002
2. 寻找"优势策略"是每个人的首要任务　　005
3. 学会"向前展望，向后推理"　　007
4. 逐步简化，不断剔除"劣势策略"　　010
5. 纳什均衡：多个博弈均衡点下的策略选择　　012
6. 纳什均衡的"不后悔"原则　　015
7. 打破"鸟笼逻辑"，跳出惯性思维的怪圈　　018
8. 站在别人的立场，分析他们会怎么做　　021
9. 不断更换思考方式才能掌握主动权　　024

第二章　打破信息差，在博弈决策时不再盲目

10. 信息是博弈必不可少的武器　　030
11. 信息不对称的影响：优势与劣势的转化　　033
12. "信息不充足"本身也在传递信息　　036
13. 掌握沃尔森法则，把信息和情报放首位　　039
14. 甄别出有效的信息，不被错误信息误导　　042

15. 信息收集与分析：提升博弈能力的关键　　045

16. 看穿"酒吧博弈"，经验不一定最有效　　048

17. 坦诚沟通，打破"柠檬市场"的魔咒　　050

18. "脏脸博弈"：利用"共同知识"影响博弈结果　　053

19. 避免"劣胜优汰"的逆向选择　　056

第三章　看清概率，摆脱博弈中的"赌徒心态"

20. 博弈中的概率，神秘的精灵　　060

21. 混合策略：概率的游戏　　063

22. 看懂"警察小偷博弈"，不按套路出牌　　066

23. 次数会影响博弈均衡的结果　　068

24. 当心！概率有时会说谎　　071

25. 研究概率，并不等同于赌博　　073

26. 列出"最好的可能"和"最坏的打算"　　076

27. 不赌为赢，别做血本无归的赌徒　　079

28. "博傻游戏"有其规则，别做最后的傻子　　082

29. 提防规律行为中隐含的陷阱　　084

第四章　理性竞争，摒弃两败俱伤的"对抗思维"

30. 正和、零和与负和博弈：怎样才算真的赢　　088

31. 打开格局，追求双赢或多赢　　091

32. 从竞争到合作：动态博弈中的策略调整　　094

33. 看透序列博弈的"先行者优势"　　097

34. 解决"恐怖扣扳机"策略的弊端　　099

35. 找到博弈中的"帕累托最优"了吗　　102

36. 在对立中找到统一的点　　105

37．猎鹿博弈，合作能够放大彼此的利益　　107

38．鹰鸽博弈：冲突双方也能和平共处　　110

39．分蛋糕博弈：分享比独享更显力量　　113

40．追求"重复博弈"，谢绝"一锤子买卖"　　116

41．建立信任机制，做出有效承诺　　119

第五章　抓住机遇，跟随战术制造博弈优势

42．博弈要把握一切可以利用的机会　　124

43．智猪博弈：有时等待才是占优策略　　126

44．枪手博弈：如何选择出击时机　　129

45．海盗分金：先动与后动有何玄机　　132

46．身处"人质困境"，当心枪打出头鸟　　135

47．幸存者策略：先发制人与后发优势　　138

48．适时潜伏，没有时机就等待时机　　140

49．机会来临时，不要过多犹豫　　143

50．合理利用时间，在博弈中获得更大优势　　145

51．学会"搭便车"，博弈中更加省时省力　　148

第六章　摆脱困境，面对两难境地慎重出牌

52．博弈中的困境，考验的不只是自己　　152

53．解决"公地悲剧"，避免过度追求个人利益　　155

54．跳出"旅行者困境"，别让自作聪明耽误了你　　157

55．"志愿者困境"：该不该为他人牺牲自己　　159

56．遵守游戏规则，避免互相背叛的恶果　　161

57．利用契约"武器"，给对方一些约束　　163

58．"一报还一报"策略，通过制定惩罚维持合作　　165

第七章　知进明退，弱者也能笑对博弈

59. 博弈中的以退为进，不失为一种智慧　　168
60. 迂回策略：退一步进两步，逐步逼近目标　　171
61. 斗鸡博弈：关键时刻不要害怕"认怂"　　173
62. 隐藏实力，不要过早成为强者的"靶子"　　175
63. 人情世故博弈：不争才是上争　　178
64. 鸡蛋碰石头不可取，弱者胜出要凭借技能　　181
65. 及时做出调整改动，打乱对方的部署　　184
66. 不被"沉没成本"所惑，关注"机会成本"　　187
67. 适当留点余地，避免两败俱伤　　190
68. 学会放弃，主动咬断"尾巴"　　192

第八章　总结教训，不断提升自己的博弈智慧

69. 离开"局中人视角"，从高处俯瞰博弈　　196
70. 认清"协和谬误"，不要让自己一错再错　　198
71. 路径依赖博弈：别让过去的策略困住了你　　201
72. 蜈蚣博弈：用全局眼光看待问题　　204
73. 重新认识木桶效应，不必跟短板死磕　　207
74. 优劣博弈：优未必胜，劣也未必汰　　210
75. 用别人的批评照见真实的自己　　213
76. 厘清眼下形势，寻找占优策略　　216
77. 当心冲动的感性思维，它会诱导你做出错误的判断　　218
78. 利用"圈子"，双边博弈可以变成多边博弈　　221

第一章

引入策略：摆脱博弈中的思维桎梏

1. 策略化思维，在博弈中无往而不利

有一句话叫："谋定而后动。"意思是说，谋划准确周到后再行动。

谋定后动的策略性思维是成功的关键要素。真正的高手大多是深谋远虑的，而不是走一步算一步，甚至剑走偏锋，一着不慎，满盘皆输；或者侥幸赢得胜利，最终又因思虑不周，将辛辛苦苦打下的江山拱手让于他人，为他人作了嫁衣裳。

很多时候，生活就像一场无形的战争。如果没有策略思维，一味地鲁莽行事，只能吃力不讨好，最终一败涂地。如果懂得运用策略思维去解决生活中方方面面的问题，则事半功倍，在一场又一场的博弈中无往不胜。

我们要在日常生活和工作中，刻意锻炼自己在博弈中的策略思维。为此，首先需要了解博弈的本质和基本要素。

什么是博弈呢？通俗地说，就是在一场游戏中，我们选择一种对自己有利的策略，最终赢得比赛。在这场游戏中，我们不仅要考虑自己选择何种策略，还要考虑竞争对手会采取何种策略。简而言之，博弈就是我们与对手互动的一种游戏。

在一场博弈当中，至少包含以下五个要素。

（1）局中人：即决策主体，或称为参与者、博弈者等。博弈既然是一场互动的游戏，就需要参与者。根据参与者的人数，博弈行为可以分为"双人博弈"或"多人博弈"。

（2）策略：在一场博弈比赛中，每个人都可以选择一套可行的行动方案，这套方案便称为"策略"。要想赢得比赛，策略的选择和制定至关重要。

（3）效用：效用又称为得失，即参与者在博弈过程中的收益或付出。博弈结果是输是赢，所需付出的代价，以及将会得到的收益，每个参与者都会在心中有所考量。

（4）信息：在一场博弈游戏中，效用是目的，策略是为了达到目的而采取的手段，信息则成为参与者选择何种手段的重要依据，也是判断对手使用何种策略的重要依据。

（5）均衡：均衡即平衡，代表了一场博弈的结果。从经济学的角度来看，均衡就是保持相关量处于稳定值。所有的博弈参与者都选择了最佳策略，形成的结果就是均衡。

从上述五个基本要素中，我们不难理解：策略是整个博弈游戏中最为关键的因素，也是我们最能掌控的。毕竟，策略是由我们自己或团队成员决定的。

了解博弈的本质和几个关键要素之后，我们应该如何锻炼自己的策略思维呢？首先，我们要了解博弈的特征。有人的地方就有博弈，因此，博弈的特征是具有互动性。

我们在做决策时，一定要具备全局思维。不仅要为自己做出决策，还要考虑对方可能会做出什么样的决策，以及对方的决策对我们会产生什么影响。为了应对对方的决策，我们是否需要改变原来的决策？特别是在多次交手的长期博弈中，既要根据预判和经验提前布局，也要在事后善于总结教训。

除此之外，锻炼策略思维，还可以从以下三个方面来进行。

第一，保持客观理性，避免情绪化。博弈是一场充满理性的游戏，如果不能冷静地权衡利弊，理智地分析双方在这场比赛中的胜负逻辑，很容易一败涂地。

第二，知己知彼，全面分析双方的情况。锻炼策略思维，需要有意识地提高自己的分析能力。不仅要善于分析和判断自己及团队的优缺点、资源、优势和缺陷，还要分析竞争对手或合作方的优势和缺陷，甚至研究对手的脾性、人格和喜好等情况。

此外，还要分析内部和外部的环境，包括自然环境和人文环境等。总之，要尽可能多地掌握双方或多方的情报信息，做出全面的预判，才能制定出最周全的策略。

第三，保持敏锐的观察力。任何事情都不是一成不变的，在双方或多方博弈的过程中，经常会发生变量。甚至，大环境或小环境的微小变化都会引起"蝴蝶效应"，影响博弈的结果。因此，我们要时刻保持敏锐的洞察力，根据变化抓住机遇，及时止损，调整策略，争取最佳结果。

2. 寻找"优势策略"是每个人的首要任务

如果把生活和工作中的方方面面看作一场博弈，那么我们就会发现，寻找优势策略是每个人的首要任务。在每一场或简单或复杂的博弈中，总是存在某种最佳策略。如何找到优势策略并正确运用它，成为博弈中制胜的关键。

如何找到"优势策略"呢？我们首先要综合分析，自己可以使用哪几种策略，对方又会采取哪几种策略。经过分析，我们就能得出结论，哪一种策略对我们最有利。无论对方采取何种策略，我们在这种策略下都能保持优势，那么这就是最佳策略。

在一场博弈中，如果双方都有一个优势策略，那么毫无疑问，对方会采取优势策略，我们也会采取优势策略。这是一种共赢的局面，双方都可以采用优势策略，而不必顾虑对方会如何选择。这样的博弈是比较简单的，答案已经显而易见。

在博弈中，还存在着另一种情况，即只有一方拥有优势策略。那么，拥有优势策略的一方必定会使用该策略，这是毋庸置疑的选择。不具备优势策略的一方则需要根据对方采取优势策略后的情况，结合自身条件，针对性地选择最优策略。

那么，什么是优势策略呢？优势策略拥有两大特征。

（1）优势策略中的优势，是相对于我方的其他策略而言的，而不是相对于敌方的策略而言的。也就是说，只要我们使用了优势策略，无论对方采取何种策略，我们依然能够获得比使用其他策略更好的结果。

（2）采取优势策略，即便得到最坏的结果，依然比使用其他策略更好。不过，这并不是所有优势策略都具有的普遍特征。在大多数优势策略的实战案例中，都能满足这个条件，然而仍然存在某些特殊情况，无法满足这一条件。

为此，我们得出结论：假如我们拥有一个优势策略，就应毫不犹豫地选择它。这时，我们不必考虑对手会使用什么策略，而应大胆坚定地采取优势策略。如果我们没有优势策略，而对方具有优势策略，我们要坚定地相信他们肯定会采取优势策略。因此，我们要针对他们的优势策略，在有限条件下选择最佳策略。

在使用优势策略的过程中，需要注意以下两点问题。

第一，优势策略的最佳适用范围，是在双方或多方同时博弈的时候。

博弈的互动模式有两种，一种是同时进行的博弈，另一种是相继进行的博弈。相继进行的博弈是指一方先行动，另一方随后行动的博弈。这种博弈比同时进行的博弈更为复杂，需要具体分析相关问题。

第二，在相继进行的博弈互动中，要灵活使用优势策略。

相继进行的博弈分为两种情况：一种是我方先动，敌方后动；另一种是敌方先动，我方后动。

我们前面已经分析过，在同时进行的博弈当中，如果我们拥有一个优势策略，我们只须使用优势策略即可，无须考虑敌方策略。

在相继进行的博弈中，如果对手先行动，那么我们在每一次行动中都可以选择优势策略。如果是我方先行动，那么我们就不知道对手会采取什么策略。因此，敌方会观察我们的行动，再有针对性地调整策略。在这种情况下，我们可能需要采取除了优势策略以外的策略，才能保证得到一个好的结果。

3. 学会"向前展望，向后推理"

在博弈中，人们制定策略时，往往陷入一成不变的思维陷阱，以常规的方法解决问题，这通常无法找到更好的思路。这时，不妨另辟蹊径，采用"向前展望，向后推理"的方法来分析眼前的困局，往往会得到意想不到的效果。

什么是"向前展望"呢？就是制定目标，预判结果。不妨想想，在这场博弈中，你到底想要达到什么目标，想要获得什么样的利益和成果。如果按照现在的行动方案，能顺利拿到结果吗？概率有多大？这样思考，可以避免我们盲目地去做很多无用功。

什么是"倒推推理"呢？它指的是我们应该从结果出发，推导出在开始阶段或中间阶段需要采取什么样的策略，才能顺利实现我们的目标。在一场博弈中，我们常常有多种策略可以选择，甚至有些策略被视为理所当然的"最优选"。

事实上，真的是如此吗？如果采取逆向思维，对那些不够常规的策略进行分析计算，可能会发现，真正高效的路径并不是"理所当然"的那个最优选。

《资治通鉴》当中，有一个故事，正好说明了这个道理。

郭子仪率领蕃、汉兵追击叛军至潼关，杀敌五千人，攻克了华阴、弘农二郡。

关东向朝廷献来俘虏一百余人，肃宗下敕书命令将他们全部处死。这时，监察御史李勉向肃宗进言道："现在叛乱的元凶尚未被除掉，战乱波及了大半个国家，许多人都受到了牵连。他们得知陛下即位，率兵平叛，心怀洗心革面的愿望，愿意服从陛下的统治。如果现在将这些被俘的人全部处死，反而会逼迫那些跟随叛乱的人继续作乱。"肃宗听后，立即下令赦免了他们。

从这个例子中，我们不难看出，按照惯例，这批俘虏最常见的命运就是被杀。这是一般人能想到的一般策略，甚至被认为是最佳策略。杀俘虏，看起来能振奋我方军心，削弱敌人威风。然而，根据当时的特殊情况来看，杀俘虏并不是最佳策略。

对于一个战乱多年的国家来说，皇帝和人民最渴望的是什么呢？是和平，是休养生息，是发展经济。想要和平稳定，就要尽快结束战争，至少不能再加剧战争的惨烈程度。赦免俘虏能稳定局势，至少不会加剧战局的动荡，于是，它成了最佳选择。

这个例子运用了"向前展望，向后推理"的思维方式。向前展望，可以了解到当时的局势，并预判出杀俘虏这一决策会造成什么后果。这种后果是否是大家想要的？如果不是，大家又希望得到什么样的结果呢？

假如"和平稳定"是目标和结果，为了实现这个目标，在对待俘虏这件事情上，用"赦免俘虏"就是上策，用"杀俘虏"就是下策。

在培养策略思维的过程中，"向前展望，向后推理"的思维方式常常让人茅塞顿开。在具体操作过程中，需要注意以下几点。

第一，理性思维和感性思维要合理使用。在博弈的过程中，理性思维常常占据上风，毕竟博弈是讲究逻辑的理智行为。大多数时候，我们需要用理性思维来权衡利弊，实现利益最大化。然而，在某些特殊情境下，感性思维才能帮助我们实现目标，这时我们就需要适当抛弃理性。

第二，直击目标，找出影响结果的关键因素。当我们遇到简单的问题时，往往习惯从当下的情况出发，分析现阶段应采取什么样的策略，再一步步达到预期的结果。然而，在面对复杂问题时，按部就班的思路往往行不通，或者效率极低。因此，我们要快速判断出影响结果的关键因素，然后从结果往前推演，一步一步算出现在应采取什么样的策略。

第三，要预判对方会采取什么样的策略。在博弈过程中，我们需要时刻关注对方可能采取的策略，并根据对方的策略随时调整自己的方向。因为博弈是一个互动的过程，我们不能只关注自己想要的结果，而忽略外部的客观条件。

说白了，向前发展、向后推演这种思路，本质上是对未来结果的一种预判，以及我们根据预判而制订的策略方案，而并非我们真正得到了结果。如果在博弈过程中，双方的客观条件或某个变量发生了变化，对整个结局的影响都是很大的。

4. 逐步简化，不断剔除"劣势策略"

博弈通常是一场复杂的竞争。对于参与者而言，这场竞争中往往存在多种策略方案。到底应该选择哪一种策略呢？这是一个考验智慧的问题。如果博弈中存在一个显而易见的优势策略，那么参与者在做决策时就会简单得多，只须直接选择优势策略即可。

不过，在大多数博弈中，并没有明显的优势策略，甚至不存在优势策略。遇到这样的复杂情况，我们只能逐步找到并剔除劣势策略，从而简化决策过程，找到相对优势的策略。这是一个循序渐进的过程。我们首先需要排除最劣势的策略，然后排除相对劣势的策略，直到只剩下相对最优策略为止。

什么是劣势策略呢？在一场博弈中，如果存在两种或两种以上的策略，其中一种策略比其他任何一种都差，如收益最少、效用最低等，那么这种策略就是劣势策略。我们要首先排除最劣势的策略，逐渐缩小决策的范围。

在博弈中，使用策略的规则是，如果我们拥有一个优势策略，那么我们会首选优势策略，敌方也会这样做。如果我们拥有一个劣势策略，我们要剔除劣势策略，敌方也会如此。如果我们只有两个策略，其中一个是优势策略，另一个就是劣势策略。

规避劣势策略常常运用于一方拥有至少三个选择的复杂博弈中。我们需要经过复杂的计算过程，才能选出劣势策略。

以下是一个商业活动中的投资案例，正好说明了计算劣势策略的过程。

	A	B	C
投资一次的收益	1	3	2
投资两次的收益	2	2	2
不投资的收益	3	1	1

假设在博弈中，有A、B、C三位投资人，A投资一次、投资两次和不投资的收益分别是1、2、3，则A有三种策略。其中，"投资一次"的收益最少，是劣势策略，应该剔除。

而对于B而言，投资一次、投资两次和不投资的收益分别是3、2、1。由此可见，B也有三种策略，其中"不投资"的收益最少，是劣势策略，应予剔除。

对于C而言，投资一次、投资两次和不投资的收益分别为2、2、1，则C也有三种策略，其中"不投资"的收益最少，是劣势策略，应该剔除。

在这个例子中，A和B两位参与者，如果三方的利益不能共享，那么他们各自既有劣势策略，也有优势策略。各自寻找最优的策略，可以得到最大的收益。这是比较简单的博弈，很容易做出对自己有利的决策。

但对于C而言，如果三者的利益不能共享，则没有最优策略。C只能在剔除劣势策略之后，在剩下的两种策略中选择，即"投资一次"或"投资两次"。这两者的收益相等，均为2，但付出不同，因此我们可以再次剔除投资两次这一相对劣势的策略，那么最终剩下的就是投资一次这一相对优势的策略。

如果A、B、C三位参与者的利益可以共享，则有三种不同的策略。这三种策略当中，没有最优策略，只有劣势策略。因此，应当剔除劣势策略。

三方投资一次的共同收益是6，投资两次的共同收益也是6，不投资的共同收益是5，因此"不投资"这一劣势策略应该剔除。然后进一步剔除投资两次这一付出较多的劣势策略。

5. 纳什均衡：多个博弈均衡点下的策略选择

在博弈的过程中，我们常常会遇到难以做决策的情况。这时，不妨用博弈论中的"纳什均衡"概念作为参考，做出对我们较为有利的决策。

什么是纳什均衡呢？纳什均衡，又称为非合作博弈均衡，是由数学博士约翰·纳什提出的博弈术语。它指的是，在一场双方或多方的博弈过程中，找到一个对所有参与者均有好处的最优策略。无论哪一方单独改变这个策略，都会损害所有人的共同利益，没有一方能够从中获得更多的好处。

为了保障各方的最大利益不受损害，所有参与者需要达成共识，执行这一最优策略，实现共赢。如果各方处于对抗状态，必然会损害共同利益。为了改变这一"共输"局面，需要有人站出来，寻找新的方案，以确保共同利益处于均衡状态。

在生活中，我们随处可见纳什均衡的例子。最常见的是，在某一处商业街，开了一家服装店之后，第二家、第三家也会相继开张。这几家店，明明是竞争关系，却聚集在一起，共享客源。因为只有足够多的服装店，才能吸引足够多的顾客，每家店分到的客源也会相对增加。

想要更准确地理解纳什均衡，我们可以举一个更详细的例子。假设一个商家要在一个小镇上开两家超市，这两家超市的商品和价格都是一样的，唯一不同的就是地理位置。那么，这两家店应该分别开在什么地方，才能保证最大的收益呢？

假设小镇上的居民平均分布在各处，那么，两家超市为了获得尽可能多的客源，都想要往中间地段靠拢，谁离开中间地段，都可能丧失一部分客源。最终的结果是，两家超市都开在中间地段，才能保证彼此的最大利益。那么，中间地段这个最佳位置，就是纳什均衡点。

纳什均衡分为纯策略纳什均衡和混合策略纳什均衡：纯策略纳什均衡强调确定地选择某一策略，混合策略纳什均衡则强调以某一概率随机地选择某一行动。

比如，在囚徒困境的例子中，如果两个犯人选择各自的最优策略——坦白，那么坦白就是纯策略；而在我们玩"剪刀石头布"游戏的时候，随意地出剪刀、石头、布，就是混合策略。

在博弈中，存在以下两种情况。第一种情况是，参与者在制定策略之前，并没有商量好使用什么策略。各方都选择了对自己来说最优的策略，而不考虑其他方的利益。然而，双方或多方在追求自身利益的同时，恰好达到了共同利益，最终形成了纳什均衡。

第二种情况是，通过双方或多方互相约定或互相依存的博弈，保证共同利益的最大化，从而形成纳什均衡。在这种情况下，参与者在做决策时，不仅要考虑自身利益，还需要根据其他参与者的策略来决定自己的策略。

在一场博弈中，往往存在多个纳什均衡，既有共同受益的好的均衡，又有双方利益受损的坏的均衡。在"囚徒困境"的例子中，如果犯人双方选择坦白策略，那么他们每个人需要坐8年牢，对他们来说，这是坏的均衡。如果双方选择不坦白，他们都只需要坐1年牢，都得到了最大利益，那么这个结果对他们来说，就是好的均衡。

值得注意的是，好均衡与坏均衡之间并非固定不变，它们可以相互转换。在纳什均衡中，各方需要根据其他方的策略变化随时选择最优的策略，才能为自己争取到更多的利益。下面这个故事恰好说明了这一原则。

古时，在楚国和魏国的交界处，双方都种着瓜。某年，恰逢天旱严重。魏国人因为勤于浇水，把瓜苗培育得健康茂盛。而楚国人因为懒散，只能种出一片毫无生机的枯黄瓜苗。于是，他们心生忌妒，在半夜偷偷拔掉了魏国人的瓜苗。

魏国人十分愤怒，决定报复楚国人。这时，深谋远虑的县令阻止了他们，因为他知道，冤冤相报没有尽头，最终只会使两国的瓜苗都遭到破坏，无法收获胜利的果实。于是，他主张人们以德报怨，半夜帮楚国灌溉瓜田。

魏国人听从了县令的建议并实施后，果然感化了楚国人。楚国人心怀感动和愧疚，对魏国人表达歉意。从此，两国人互相帮助，和平相处，最终都收获了丰盛的瓜果。

在这个故事中，存在两个均衡。一个是好的均衡：大家都收获了瓜果；另一个是坏的均衡：大家的瓜苗都遭到了破坏，谁也别想得到一个瓜。当楚国人选择了破坏瓜苗这一策略以求心理平衡后，如果魏国人采取"以怨报怨"的策略，则可能导致坏的结果，也就是坏均衡。实际上，他们采取了"以德报怨"的策略，最终得到了好的结果，也就是好均衡。

由此可见，好均衡与坏均衡之间的转换，取决于双方的决策，以及一方决策变动后，另一方如何针对性地制定更优的决策，最终达成好的均衡。

当然，在不同的情况下，"以德报怨"这一策略未必是最好的选择。具体问题需要具体分析。魏国人之所以选择"以德报怨"的策略，可能源于他们对楚国人的了解，认为对方一定能够被自己的善行感化，因此才采取这一策略。

如果两国的矛盾已经到了水火不容的地步，那么"以德报怨"这一策略不仅不会得到对方的感激，反而可能被视为懦弱，从而遭受更大的恶意，无法达到良好的均衡。在博弈的过程中，我们一定要灵活运用纳什均衡的知识，选择对自己最有利或对大家都有利的策略。

6. 纳什均衡的"不后悔"原则

在博弈中，任何一方在做出选择后都不会后悔，这是纳什均衡的原则之一。如何理解这个原则呢？纳什均衡本身不具有强制力，但我们出于自身利益，会做出最优的选择。只有各方对自己的策略都感到满意，才可以称之为纳什均衡。

有一对情侣，王先生和李女士。王先生比李女士大10岁，但他的收入是李女士的10倍。王先生个子很高，但长相普通，李女士身材娇小但相貌出众。王先生性子冷淡、情商不高且不懂浪漫，李女士温柔体贴又热情。

李女士有很多追求者，但她偏偏选择了王先生。王先生身边也有许多对他青睐的女士，但他偏偏选择了李女士。因为，在众多的选择中，王先生对于李女士来说，是最佳选择，而李女士对于王先生来说，也是最优选择。

也就是说，他们是彼此最好的选择，若换成其他选择，都会有遗憾或损失。这就是婚恋市场上最常见的"郎才女貌"的组合，他们的关系达到了纳什均衡，具有很强的稳定性。因此，男女双方都不会后悔选择彼此。

纳什均衡中"不后悔"的原则很好理解，即在博弈双方达到均衡时，每个参与者都实现了利益最大化，他们完全没有必要单方面改变自己的策略。因此，双方在这种关系中实现了某种平衡，具有长期的稳定性，很少出现一方反悔或双方都反悔的情况。

在纳什均衡的关系中，博弈双方都找到了共同的均衡点。比如，上述案例中的王先生和李女士，他们的年龄相差10岁，经济实力相差10

倍。在如此巨大的差距下，为什么他们还能在一起呢？他们的均衡点在哪里呢？

在这段关系中，存在多个均衡点，比如，王先生用优于李女士10倍的经济实力换取李女士年轻10岁的容貌。在这个均衡点中，李女士得到了经济上的支持，王先生得到了年轻的容貌，彼此都得到了最大的利益，因此形成了均衡，两人都不后悔。

另外的均衡点包括王先生用自己优越的身高换取李女士出众的相貌，王先生用自己出色的气质换取李女士美好的性格，等等。在多组均衡策略的选择中，两人的综合收益形成了平衡，实现了共同利益的最大化。

当然，在婚恋关系的博弈中，经济收益和基因收益的均衡只是一个方面，另一方面，博弈的双方还会追求感情和精神收益的均衡状态。下面这个故事正好说明了这一点。

美国作家欧·亨利曾写过一篇小说《麦琪的礼物》。在这个故事中，女主人公德拉和她的丈夫吉姆是一对经济不宽裕的夫妻。德拉有一头美丽的长发，而吉姆有一块祖传的金表，这两件东西对他们各自来说都是最宝贵的物品。

在圣诞节这一天，夫妻两人打算给对方买一份礼物。没有事先商量，他们都想给对方一个惊喜。德拉剪掉了自己最珍爱的长发，用卖头发的钱给吉姆买了一条昂贵的白金表链。而吉姆卖掉了自己最宝贵的金表，换来了一把镶着珠宝的梳子。

两人交换礼物的时候，简直惊呆了！因为夫妻双方都用自己最珍贵的东西，买回了对彼此来说最没有用的礼物！无论是从经济价值还是实用价值上来说，他们双方所做的选择，都是最差的。

但是，他们拿着对自己来说毫无用处的礼物，心情却非常愉快。这是为什么呢？因为虽然两人用最珍贵的东西换来了最没用的礼物，但在感情上，他们都得到了最大的收益，形成了纳什均衡。因此，他们并不后悔自己的选择。

在博弈中，我们如何利用纳什均衡原则，让自己和对方都选择不会反悔的策略呢？以下两个思路是值得参考的。

第一，保持决策的理性。无论我们在生活或工作中是否是一个感性的人，在做决策时都应保持理性，并尽量促使博弈对手也保持理性。因为纳什均衡的实现要求参与者都是"理性人"，这样才能选择对参与者来说都是"占优策略"的均衡策略。

第二，重视共同利益。在纳什均衡中，博弈双方不仅是对手，也是相互依存的合作伙伴。只有重视共同利益，才能实现均衡，保持双方不后悔的局面。

7. 打破"鸟笼逻辑"，跳出惯性思维的怪圈

什么是"鸟笼逻辑"呢？"鸟笼逻辑"又称"鸟笼效应"，是心理学家詹姆斯提出的一个心理现象。想要深入了解这一心理现象，让我们来看一则故事。

1907年，从哈佛大学退休的心理学家詹姆斯突然心血来潮，与自己的好朋友卡尔森打了一个赌："我有办法能让你养一只鸟。"卡尔森摇了摇头，认为这不可能，因为他从来没想过要养鸟。不过，很快，他就推翻了自己的言论。

几天后，为了给卡尔森庆祝生日，詹姆斯送了他一个漂亮的鸟笼作为礼物。卡尔森猜到了朋友的意图，但他不以为意，并信誓旦旦地说："我只会把这个鸟笼当作艺术品欣赏，绝不会养鸟。"

从那天以后，每次有客人到卡尔森家造访，都会问他一个问题："你养的鸟呢？什么时候死掉的？"卡尔森一次次地解释，自己从来没有养过鸟。然而，他的回答并没有让客人停止追问，他们继续质疑道："没养鸟为什么会有鸟笼？"

久而久之，卡尔森对一次又一次的解释感到麻烦，于是，他为了省事，就买了一只鸟回来养。这就是"鸟笼效应"，当人们习惯了笼子的存在时，往往会为此多买一只鸟，而不是把笼子丢掉。

鸟笼效应实际上是一种思维惯性，是很多人难以打破的心理规律。思维惯性对人们具有深刻而持久的影响力，在潜移默化中成为人们难以摆脱的牢笼。被这种思维定式困扰的人们，不再是自己思想上的主人，而是更

多地受到外界环境的影响,从而做出违心或错误的决策。

鸟笼效应具有积极的一面,也有消极的一面。如果好好利用,它可以让我们养成很多好习惯。比如,张三是一个不爱看书的人,但他希望自己养成阅读的好习惯。于是,他给自己买了一个书架。买了书架之后,上面不放书就会显得很奇怪。于是,他买了许多书回来,摆满了书架。

书本放在书架上,朋友或亲人看到了,会经常询问他对于某本书的阅读心得,想和他交流阅读体验。在这种环境的影响下,张三只好主动去看书,认真阅读总结,给亲人朋友一个"交代"。久而久之,张三因为买了一个书架,而养成了阅读习惯。这就是"鸟笼效应"带来的积极影响。

然而,"鸟笼效应"也会给人带来消极的影响,历史上就有过这样的例子。

有一次,箕子拜见纣王时,正好是纣王的吃饭时间。箕子观察到,纣王吃饭与往日相比,发生了一点儿变化。这个小细节让箕子大惊失色!因为箕子见识渊博,所以他能从一个小细节中预见纣王未来的悲剧。

到底是什么细节,让箕子如此紧张呢?原来,那天纣王忽然用上了象牙筷子。这双象牙筷子非常昂贵。按理说,作为一国之君,用一双好筷子,也没什么可大惊小怪的。不过,箕子从这双象牙筷子中,已经预见到纣王日后的生活必将穷奢极欲。

象牙筷子,只是一个开始。当纣王渐渐习惯了使用象牙筷子、犀牛角杯和美玉碗时,他便不再满足于一日三餐的粗茶淡饭,饮食必须是山珍海味,衣着必须是绫罗绸缎,居住的地方必定是琼楼玉宇。后来,果然不出箕子所料,纣王过上了穷奢极欲的生活,王宫里出现了酒池肉林和炮烙之刑,纣王也变得昏庸残暴。

一个小小的细节,竟然改变了一个人,甚至改变了一个国家。由此可见,"鸟笼效应"的威力是巨大的。为了摆脱这种思维惯性的牢笼,我们应该从以下三个方面进行努力。

第一,摆脱从众心理,拒绝外界的影响。"鸟笼效应"能成为恶性循环，往往是受到外界的影响。一个坏习惯的形成，有时是因为从众心理，使我们变得虚荣，陷入消费主义的陷阱；有时是为了应付外界的压力，迎合他人给我们贴上的标签，而做了违心的事情。

第二，保持开放性心态，开拓自己的思维和视野。在成长博弈的过程中，我们要坚持与自己的惯性思维作斗争，时刻保持开放性心态，接纳不同的观点和认知。同时，要不断学习新知识，开拓自己的视野，接纳不同的人和事，包容不同的思想。

第三，保持清醒的头脑，培养自己的逻辑思维能力。想要避免"鸟笼效应"的陷阱，我们需要时刻保持清醒的头脑，不被他人的期待所左右，也不能在日复一日的习惯中迷失自我，走上错误的道路，做出不当的决策。此外，还要努力培养逻辑思维能力，客观理性地分析问题。

8. 站在别人的立场，分析他们会怎么做

博弈不能靠一个人单方面完成，其本质是一场与人互动较量的游戏，既有合作方，也有对手。要想在博弈中取胜，必须站在别人的立场上看问题，分析他们会怎么做，我们又该如何应对，并根据对方的反应制定出当前的最优策略。

站在对方的立场上看问题，对他们接下来的决策和行动进行分析和预判，是解决问题的关键。每个人都希望在博弈中赢得最大的利益，对方也是如此。没有人愿意牺牲自己的利益来成全对手。

需要注意的是，对我们而言最有利的选择，对竞争对手来说，往往是一种阻碍。所以，很多时候，一方的利益最大化难以实现。只有获取可以实现的最大利益，才是博弈中的最佳策略。

博弈本质上是与理性、聪明的人进行竞争。在这种前提下，我们必须全力以赴，才有可能取胜。在博弈中，追求自身利益是一个非常重要的原则。即便有时候我们会考虑对方的利益，最终也是为了保障自己的利益。

博弈中比较有趣的是，即便我们努力追求自身的利益，最终的结果常常也会促成他人的利益，形成均衡。博弈的参与者并非都是自私的利己主义者，还有许多是理性而富有爱心的人，他们既关心自己的利益，也关注他人和社会的利益。

博弈中，其中一方可以释放假信息，引导对方做出错误判断，从而增加自己的胜率。所谓"兵不厌诈"，在战争中，这种通过释放假信息误导敌方的例子数不胜数。实际上，这种方法也非常有效。

总而言之，想要在博弈中提高胜率，就要学会理性地、利己地思考，同时也要学会站在对方的立场思考，以求双方都能获得利益。博弈的双方都是聪明的理性人，如果不能换位思考，则难以取胜。

博弈论的基本前提是，理性且利己地思考，以期自己和对方都能获得利益。博弈双方都是聪明人，因此，如果不能换位思考，便难以在博弈中胜人一筹。

只有清楚地了解自己和他人的需求，我们才能实现个人的最大利益。我们要学会分析对方的利益，在实现自身利益的同时，也满足他人的利益。

说服别人，靠的不是道理，而是"利益"；达成合作的前提是，双方都能从中获利。有趣的是，我们通常高估了自己的理性，在博弈中做出损己利人或害人害己的错误决策。时刻提醒自己保持理性，也是博弈中取胜的关键一环。

什么是博弈的本质呢？那就是决策的互动以及决策者之间的相互影响。我们想要与他人合作，或者引导对方做出对我们有利的决策，就必须充分了解对方。理解他们行为和理念背后的深层动机，步步为营，选择针对性的策略，最终取得胜利。

想要了解对方，我们可以从以下几个方面着手。

第一，获取他人的信息，展示自己的信息。了解对方，需要尽可能多地收集对方的关键信息。同时，我们在与对方交涉时，要选择性地展示自己的信息，以获得对方的信任，形成良好的互动。

比如，在与面试官的博弈中，我们要尽可能多地收集公司和招聘者的关键信息，投其所好，找到对方关注的点，成为对方的理想人选。同时，我们也要有选择性地展示自己的优势，赢得对方的信任和好评。如此，才能提高面试的成功率。

第二，找到对方的痛点，进行解决或打击。在博弈中，我们需要深入挖掘对方的痛点。如果想达成合作，就设法为对方解决痛点；如果要竞争，就打击对方的痛点，使其措手不及，毫无还手之力。

第三，找到己方和对方的利益关联点。在许多合作型博弈中，我们需要通过满足对方的利益，实现己方的利益最大化。在这种情况下，只有找到双方的利益关联点，才能顺利打开局面，说服对方与自己合作，制定双方共赢的最佳策略。当我们顺着对方的思路，解决对方的顾虑时，对方往往也愿意考虑我们的利益。

9. 不断更换思考方式才能掌握主动权

在博弈的过程中，最重要的就是拥有博弈思维。一个拥有博弈思维的人是与时俱进的，同时也是一个懂得灵活思考的智者。时代滚滚向前，变化难以预料。

生活在这个日新月异的时代，如果不及时更新自己的思维，就会被时代抛弃，沦为竞争中的失败者。因此，我们有必要让思维变得更加"弹性"，以灵活的思维模式应对世界的变化。

同时，在博弈的世界里，无论是参与者，还是博弈中的各种因素、局面都是动态变化的。如果我们用固化的思维方式去应对，就很难打败一个善于变通的对手。

那么，作为一个博弈者，如何改变自己的思维方式，使自己不断成长呢？以下几个步骤可以适当参考。

第一步：意识到需要改变。

首先，要意识到自己的思维方式需要改变，并有明确改变的目标和动机。这可以通过反思自己的思维方式和观念，以及发现自己的局限性和不足来实现。

第二步：寻找新的思维方式。

寻找新的思维方式可以帮助你拓展思维的深度和广度，也可以帮助你更好地应对现实和挑战。你可以通过阅读书籍、参加课程、与不同背景和经验的人交流等方式来寻找新的思维方式。

第三步：练习新的思维方式。

一旦发现新的思维方式，就需要付诸实践，不断练习和应用。这可以通过尝试新的经历和活动、参加辩论和讨论、深入思考和分析等方式来实现。

第四步：刻意练习和反馈。

要改变思维方式，需要持续地进行刻意练习和反馈。这可以通过设定目标、制订计划、定期回顾和反思，以及寻求他人的反馈和建议等方式来实现。

第五步：坚持不懈，养成习惯。

改变思维方式需要时间和耐心，不能一蹴而就。要坚持不懈，不断尝试、学习、反思和调整，逐步实现目标。

总之，改变思维方式需要认识到改变的必要性、寻找新的思维方式、练习新的思维方式、进行刻意练习和反馈，以及坚持不懈。通过这些步骤，可以逐渐改变自己的思维方式，提高自己的认知能力和适应能力。

从前文中，我们已经知道了改变思维的方法和步骤。那么，哪些新思维是值得我们学习的呢？

第一，成本思维。作为一个博弈者，要有成本思维。机会成本、沉没成本、边际成本，这是在经济学和商业决策制定过程中最常提及的三大成本要素。人生中最宝贵的不是金钱，而是时间，它是我们每个人最宝贵的资源。

未来不可预测，我们无法决定自己时间的数量，但却能把握自己时间投入的质量。倘若我们想更有效地利用时间，获得稳定而持续的成长，那就必须具备一种"成本思维"。

第二，战略思维。孙子曰："善弈者谋势，不善弈者谋子。"这句话的意思是，擅长下棋的人总是会通盘考虑全局，而不擅长下棋的人只会关注一子的得失。

什么是战略？如何有效地制定和实施战略？这些问题看似抽象，但实际上深刻地影响着我们各种人生选择。这种从整体出发、谋定而后动的思考方式，就是我们所说的"战略思维"。

第三，金融思维。掌握"金融思维"能帮助我们更好地了解价值背后的运作原理，从而促使我们正确地提升自我价值，实现精准努力。人际交往的本质就是社会交换，能力、价值、情感、利益等都是交换的内容。在现代社会中，人们更需要有合作意识，彼此取长补短，优势互补。

第四，傻瓜思维。"换位思考"，简简单单四个字，为什么做到的人那么少？这是因为我们多年来积累的经验和知识，让我们本能地陷入自己的内在视角去认知这个世界。

换句话说，我们更关注自己的感受。反之，无论是在生活还是职场中，真正的高手都有一种更好的换位思考的能力，从别人的视角看待问题，瞬间变成"傻瓜"。

第五，指数型思维。有些人的成长呈"线性"，而有些人的成长呈"指数型"。前者的成长有相当的局限性，因为单靠个人或一个组织的努力，迟早会遇到天花板；而指数型成长是爆发性的，因为它借助的是趋势红利，会将你带到你自己都无法想象的高度。这个道理很简单，可一个人若想获得指数型成长，首先要转变一种思维，即在确定的大方向里寻找概率。

通俗地讲，这就是"顺势而为"。"站在风口上，猪都可以飞起来"说明把握趋势很重要。"长出一个小翅膀，就能飞得更高"则强调不仅要顺应潮流，学会借势，打造自己的核心竞争力更为关键。

第六，移植思维。有人说，身处智能时代，为了避免被突如其来的变化淘汰，你必须拥有一种"移植思维"，也可以称其为"可迁移能力"。

我们需要不断地向情绪管理能力强的人学习，同时培养自己快速改变思维、调适负面情绪的能力。情绪稳定是一个人最好的修养，遇到不顺利的情况或逆境困顿时仍然能够像平常一样对待，毫不在意。宠辱不惊、安之若素是成大事的必要条件。

第七，正面思维。谋局不过人心，处世无非人性。心态决定人生，角度决定价值。在这个多样化的世界中,我们思考和成事,都是在与各种不同的人打交道。时代在变,但人心依旧,人性不变。

心理学研究的目的是描述、解释、预测和控制人类行为及心理,其目标是提高生活品质。心理学与我们的日常生活密切相关。它不仅能够帮助我们认识自己,还能让我们更好地了解他人。

培养正面思维,面对生活的烦恼和工作的不顺利,任何时候都不要给自己负面的暗示,不要让自己处于负面情绪中。最重要的是要有积极思维,正面思考,寻找解决问题的方法,而不是沉浸在痛苦中难以自拔。学会往前看,用解决问题的思维,凡事必有3种以上的解决方案,找到适合的方法并持续行动,直到成功。

第二章

打破信息差,在博弈决策时不再盲目

10. 信息是博弈必不可少的武器

在博弈较量中,信息是必不可少的取胜武器。因为,除了信息的因素,大家取胜的机会是均等的。因此,谁能获得更多、更准确、更有效的信息,谁就能抢占先机,稳操胜券。

大家都听过《坐井观天》这则寓言:一只青蛙坐在水井里,以为天空只有井口那么大,从未去探索水井外面的世界。一只鸟儿飞过,告诉它外面的世界很大很精彩,有很多资源。但青蛙不相信,它一直待在水井里。

一则简单的寓言故事足以说明信息的重要性。青蛙因为缺乏信息,导致眼光狭隘。鸟儿传递了正确的信息,但青蛙却没有辨别的能力,错过了翻身的机会。在这个故事里,如果把青蛙和鸟儿看作博弈的双方,掌握更多信息的鸟儿必然是赢家。

在商业社会中,掌握信息和利用信息的能力已经成为财富博弈中必不可少的要素之一。有一则流传甚广的商业故事,足以说明信息在商业博弈中的重要性。

在一条古玩街上,有一个精明的生意人,对古董很有研究。一次,他在一家宠物店里,发现店主用一个非常昂贵的碟子做猫食碗,于是,他先是假装很喜欢那只猫,用高价把猫买下来之后,装作不经意地说:"你把这个猫碗也送给我吧,小猫已经习惯了用这只碗。"

这时,店主笑着说:"不卖碗,只卖猫。很多人想打我这只碗的主意,我为此卖出了很多只猫。"古董商恍然大悟,可后悔已经来不及了。

从这个故事中,我们不难看出,宠物店主利用信息差,赚了古董商的钱。古董商知道猫碗很珍贵，这是一个很有价值的信息，但他不知道，这是宠物店主故意释放的信息诱饵，引诱无数买家上当。

在这场博弈中，店主因为掌握了更多的信息，成为赢家。而古董商则因为缺乏重要信息，输给了店主。精明的商人总是懂得利用信息差来赚钱，而买家往往因为缺乏信息而吃亏。

在这个信息时代，信息的重要性体现在生活的方方面面。我们决不能做一只"坐井观天"的青蛙，而需要努力去收集信息、使用信息。其实，信息在人类生存发展的博弈中，自古至今都发挥着重要的作用，甚至决定了一个人、一个集团组织的生死存亡。

可见，信息在双方或多方博弈中具有极其重要的作用，它甚至能决定博弈的最终结果是输是赢，是生是死。在现实生活中，我们该如何利用信息为我们服务呢？

第一，善于利用各种小信息，从中捕捉机会。信息不在于大小，而在于是否为我们所用。有人说："站在风口上，猪都能飞上天。"可见，抓住信息和机遇，顺应时代潮流，可以使人获得成功。不过，这样的信息和玄机太过明显，会被大多数人觉察到，大家蜂拥而上，竞争非常激烈，导致博弈的成本大大增加。

如果能独辟蹊径，寻找到不被人注意的信息和机会，将大大提升博弈的胜算。这就需要我们对那些被大多数人忽略的"小"信息格外留心，对细微的信息也保持敏锐，从而使其为我们所用。

古人言："千里之堤，溃于蚁穴。"一件微小的事情，往往能引起巨大的变化，这就是"蝴蝶效应"。我们不仅要善于从细小的信息中捕捉机会，也要从微小的信号中觉察到危机，防患于未然。

第二，提前获取有利信息，掌握更多主动权。通常来说，信息量越多，对博弈结果越有利。不过，除了信息的数量，我们还要注重掌握信息的速度。如果先人一步获得重要信息，那么我们就能在博弈中取得更多的主动权。相反，如果晚一步获取信息，就可能被对手抢占先机，失去优势。因此，我们要想方设法，提前获取有利信息，为己所用。

第三，保护重要信息，防止泄密。当我们获得重要信息后，一定要注意采取保密措施。一些重要的信息，不仅能决定博弈结果的胜负，甚至能决定一个人、一个组织的生死存亡。所以说，越是重要的信息，越不能泄密。在企业竞争或国家之间的博弈中，因泄密引起局面扭转的事件屡见不鲜，我们应该引以为戒。

11. 信息不对称的影响：优势与劣势的转化

在博弈中，经常存在信息不对称的现象。所谓信息不对称，是指在博弈互动中，一方比另一方拥有更多、更全面、更准确、更有用的信息或知识。信息不对称是一种正常现象，并非像一些人想象的那样难以接受。

相反，正因为存在信息不对称的现象，有些人在各个领域得到了很多的机会。合理的信息不对称，对于健康的市场来说，是必不可少的。毕竟，在各个领域中，付出努力、深耕多年的专业人士通常比外行或刚入行的人拥有更多的知识和信息。

一般来说，在信息不对称的情况下，掌握信息的人比没有掌握信息的人更具优势。在商业领域，利用信息不对称而赚取财富的例子很多。既然信息对博弈决策和结果都至关重要，那么作为参与者，就应该努力掌握更多、更全面的信息。同时，还要懂得利用信息为自己服务。

两方博弈，常常存在实力悬殊的情况。如果我们恰好处于劣势的一方，该如何将劣势转化为优势呢？利用信息不对称迷惑对手，不失为一个好办法。下面这个例子正好说明了，善用信息差可以在博弈和斗争中反败为胜。

在《三国演义》中，有一个著名的信息战实例——空城计。诸葛亮用人不当，致使街亭失守。此时，司马懿率领15万大军向诸葛亮所在西城攻来。诸葛亮非常着急，因为城中只有2500名士兵，与15万大军对抗，必死无疑。

这时，诸葛亮想到了一个好办法，他命人打开城门，让军士们假扮百姓，坦然自若地洒扫街道。而诸葛亮则在城楼上凭栏而坐，悠然自得地弹琴。

司马懿是个多疑的人。他骑在马上，远远看到诸葛亮表现得如此轻松，百姓们一副安居乐业的状态，不由得思前想后。他怀疑诸葛亮使诈，害怕城中有埋伏。于是，急忙命令将士们退兵。

就这样，诸葛亮不费一兵一卒，打败了15万大军，保住了一座城池，保住了百姓和将士们的性命。

从这个例子中，我们可以看出，诸葛亮是一个善于利用信息进行博弈的谋略家。在对自己十分不利的情形下，他仍然能够利用信息不对称，迷惑敌人，反败为胜。而司马懿作为博弈的另一方，因为缺乏关键信息，白白错过了一个轻松获胜的机会。

在和平的年代，所有的博弈都是没有硝烟的战争。信息不对称存在于各行各业，也存在于生活的方方面面。有人处于信息优势的一方，从而得到了很多好处；也有人处于信息劣势的一方，因此吃了不少亏。那么，如何在信息不对称的环境下避免吃亏呢？

在日常生活中，信息不对称的现象比较常见，常发生在商家和消费者之间。作为消费者，通常没有足够的知识和渠道了解产品和服务的关键信息。在购买产品和服务之后，才发现体验不好、货不对板的情况。这时想要退货或取消服务，通常难以实现，或者过程麻烦，消耗太多时间和精力，于是望而却步，忍气吞声。

消费者和商家博弈，应该从以下几个方面，避免信息不对称给自己造成损失。

第一，不占小便宜。俗话说，天下没有免费的午餐。有不少商家打着"免费"或打折、降价的旗号，给消费者设置陷阱。这时候，作为一个理性的消费者，就应该擦亮眼睛，这个小便宜能不能占？里面会不会有什么玄机？一分钱一分货，商家往往比消费者更会算计。

占小便宜，往往会吃大亏。所以，在购买远低于市场价的商品和服务时，要小心识别。要么拒绝消费高风险的产品和服务，要么在消费之前，多问几个关键问题，了解清楚其中的关键信息，签订正式的合同，这样才能避免信息不对称给自己造成的损失。

第二，保持清醒的头脑。有不少消费者在购买产品和服务时，经常会冲动消费，完全失去理性的判断。尤其是在大型促销时，面对铺天盖地的商品折扣，常常被商家的花样促销活动迷惑。结果，买了一堆商品或服务之后，才发现自己根本不需要这些东西。

因为不需要，平时也没有过多关注这方面的商品和服务，不知道平时的价格和促销价格相差多少，也没有经过货比三家的考量，自然会错过很多关键信息。不少消费者发现，促销活动时买的商品比平时买的还贵，或者并没有便宜多少。有些商家故意先把价格提高，然后再搞促销，实际上还是平时的价格。

因此，为了避免后悔，必须时刻保持理性，准确判断自己的需求，并根据需求购买商品和服务。在消费之前，应尽可能多地了解消费对象的关键信息。

第三，多维度考量商品和服务的价值。消费者在与商家博弈的过程中，常常只从单一的角度去衡量商品和服务的价值。最常见的就是从金钱的角度来判断消费对象是否值得购买。然而，这样的思维是不全面的。如果只注重价格，那么我们可能会因为贪图便宜而买到劣质的产品和服务，或者过分信奉"一分钱一分货"的原则，买到价高质次的商品和服务。

如果我们从"价值"而非"价格"的角度去看待消费，就会显得更加理智。有些消费行为，本质上是"花钱买时间"或"花钱买愉悦"，在这种需求下，花费高一些也是值得的。而有些消费行为，看重的是商品或服务的实用性，则没有必要花高价去购买华而不实的附加品。

总而言之，在与商家博弈的过程中，我们需要从金钱、时间、精力、心情等各方面的成本来考量消费对象是否具有消费价值。只有这样，我们才能尽量避免信息不对称带来的损失。

12."信息不充足"本身也在传递信息

在博弈中,经常会出现一方"信息不足"的情况。如果我们作为"信息不足"的一方,显然会处于劣势。不过,只要我们仔细观察,就会发现,"信息不足"本身也在传递信息。

在信息量不足时,我们要通过已知条件,分析出可能存在的多种情况,然后针对这些情况,制订多个备选方案。下面这则小故事恰好说明,在信息不足的情况下,仍然可以通过分析预测,多做准备而反败为胜。

一只住在深山中的年轻老虎,从来没见过驴。一天,长辈告诉它,几天后将有一头驴从路口经过。如果它有本事,可以把那头驴当场变成美味的盘中餐;如果它没本事,就会被驴吃掉。长辈有意考验年轻的老虎,所以,没有将驴的信息告知它。

年轻的老虎不知道自己的实力与驴相比,到底是强还是弱。不过,它已经做好了两种预案:如果驴比自己弱,那就扑上去,吃掉它;如果驴比自己强,那就先躲起来,徐徐图之。问题是,信息不足,又如何判断驴的实力是强是弱呢?老虎决定试探一番。

等到驴经过路口那天,老虎终于看到了对手的真面目。那头驴看起来温顺软弱,一看就是体力不支的样子,老虎觉得自己的胜算很大。但它并没有轻举妄动,而是装作友好的样子,和驴打招呼。驴笑得一脸温和,一副人畜无害的模样。

于是,老虎进一步试探,举起爪子,摸了摸驴的皮毛。驴虽然满脸不高兴,但并没有反抗。老虎觉得可以得寸进尺,于是又摸了摸驴的脖子。

驴反应强烈，开始疯狂大叫！老虎吓得转身就跑，以为驴要吃掉它！

不过，跑了几步后，老虎发现驴没有追上来，又觉得这头驴并没有自己想象的那么可怕。于是它又回过头来，踩了一下驴的蹄子。驴非常愤怒，开始踢老虎。但老虎的胆子已经变大了，它躲开驴的踢打之后，又一次次发起进攻。

驴除了踢老虎，已经没有其他的招数了。于是，老虎叹息了一声："技止此耳！"然后，突然发起总攻，扑上去，迅速地咬死了驴，把它吃掉了。

从这个例子中，我们可以看出，老虎一开始由于信息不足，处于劣势，不知道如何与对手博弈。于是，它通过猜测和估算，做好两手准备后，开始与驴周旋。通过一步步的试探，它得到了更多的信息，确定驴的实力比自己弱，才一举拿下对手。

所以，当我们处于信息不足的劣势时，也不必过于担心。只要仔细分析当前的情况，肯定能找到解决困难的办法。当然，老虎的实力本身就比驴强大，因此它能快速战胜对手。当我们经过分析后，意识到我们的实力不如对方强大时，应该怎么做呢？我们应该等待时机，在合适的时候出手。

明代文学家冯梦龙，在《智囊》中记录了这样一则故事：

北宋宰相丁谓曾权倾朝野，独揽大权。他禁止朝廷大臣们单独觐见皇帝，大臣们对他多有不满，唯有王曾对他言听计从。久而久之，丁谓对王曾失去了戒心。

取得丁谓的信任后，王曾开始实施自己的计划。某日，王曾对丁谓说："我家里没有儿子，常常觉得孤独。我想把弟弟的儿子过继到我家里，为我传宗接代，但不知道皇上是否会同意。"

丁谓想到王曾一直对自己言听计从，不像其他大臣那样，表面上对自己恭顺，背地里却恨不得自己死。于是，他答应了王曾的要求："如果是您见皇上的话，那就没什么问题了。"

就这样，王曾得到了单独觐见皇帝的机会，他偷偷将早已准备好的奏折递给了皇帝，上面写满了丁谓的罪行。此时，丁谓意识到情况不妙，但后悔已来不及，奏折已经递到皇帝手中。皇帝看了奏折之后，很快做出了反应，没过几天，就把丁谓贬到了珠崖。

在这个例子中，王曾和丁谓双方博弈，王曾因为实力在丁谓之下，无法见到皇帝。因此，最高权力者的种种信息被丁谓垄断。王曾由于缺乏关键信息，既无法见到皇帝，也无法向皇帝传递信息。

于是，王曾韬光养晦，等待时机。为了取得敌人的信任，他低声下气，迷惑敌人，暗地里慢慢做好一击必胜的准备，收集重要信息。时机来临时，王曾高效地向皇帝传递了最关键，也是对敌人最致命的信息，最终扭转了博弈的局面。

综上所述，在信息不足时，我们只须做好以下4点，就有可能在博弈中提高胜算。

第一，分析当前情况，做好多种预案。

第二，通过与对手互动，收集更多信息。

第三，隐藏实力，收集重要信息，等待时机。

第四，瞄准时机，利用已知信息，一招制胜。

13. 掌握沃尔森法则，把信息和情报放首位

什么是沃尔森法则呢？这是美国企业家沃尔森提出的法则，主要观点是：把信息和情报放在第一位，金钱就会滚滚而来。在各种博弈中，我们未必只想得到金钱。不过，无论我们想要赢得什么，凡是在双方或多方博弈的游戏中，都应该遵循这个至关重要的法则。

通常来说，一个人能获得多少，往往取决于他知道多少，这就是信息的重要性。沃尔森法则提倡，我们应该通过收集和分析信息来提高决策能力，从而推动财富的增长。当今社会是一个信息社会，信息的正确性和充分性关系到个人和企业的创新能力和竞争力。

现在是一个知识经济的时代。要在竞争和博弈中立于不败之地，我们需要掌握前沿信息，准确高效地获取各种关键情报。根据这些信息情报制定出具有优势的策略，然后果断行动，先人一步脱颖而出，最终获得成功。

沃尔森提出，即便一个企业拥有一流的人才与技术，也不一定能证明它是一流的企业。如果不能灵活高效地掌握行业前沿信息，并根据市场做出敏锐反应，那么所有的人才与技术优势都将被白白浪费。因此，企业不仅需要关注内部信息，也要掌握外部信息，并将这些信息为企业所用。

在这个竞争激烈的商业社会，无论是企业还是个人，都需要将信息和情报放在首位，才能在博弈中赢得一席之地。有一句广为流传的话这样说："你永远赚不到超出认知范围外的钱。"认知，本质上是信息和知识集合的产物。

在古代，人们就善于利用信息创造财富。

宋国有一商户世代从事染制丝绸的行业。他们家有一个祖传秘方，可以制作防治手脚开裂的药物。有一位游客得知这个信息后，愿意出百金买下他们的药方。染丝人家经过一番考虑后同意了。毕竟，他们辛辛苦苦做一年的生意，也不过赚几金而已。百金对他们来说是一笔巨款。

游客拿着药方来到了吴国，准备把药方卖给更需要的人。此时，正值冬季，吴国和越国交战，士兵们的手脚都冻裂了，难以持久作战。正在吴王为此烦恼的时候，游客献上了药方，解了吴王的燃眉之急。吴王大喜，封他为将，让他负责调制药膏。士兵们开裂的手脚治愈后，士气大振，一举打了胜仗。吴王高兴之余，赐给游客大片封地。

在这个例子中，游客利用了一条信息，彻底改变了自己的命运，实现了人生跨越，获得了荣华富贵。可见，把信息和情报放在第一位并善于利用的人，永远不会缺乏财富。同样一个药方，在丝绸工人的手里，只能自用，所以他们过着辛苦的日子。到了游客手里，却变成了财富和地位。可见，信息在不同的人手里，会产生不同的作用。

信息和情报，不仅在财富创造中具有惊人的作用，在战争博弈中，同样具有决定胜负的效果。

千百年来，刘邦和项羽四年的楚汉之争，一直被视为历史上最经典的双雄对决。刘邦之所以能够取得胜利，得益于他善于利用信息和情报为战争服务。

比如，安邑之战前，刘邦派郦食其去西魏国，企图说服魏王豹，让魏国加入自己的阵营。魏王豹忠于项羽，拒绝了刘邦。

但是魏王豹对重要情报缺乏保护意识，也没有对郦食其进行防范，让郦食其钻了空子，收集了魏国军队的作战计划。有了这份重要情报，刘邦就可以制定针对性的作战策略，轻而易举地消灭魏国。

刘邦很重视情报工作，在项羽身边安插了情报员，时刻掌握项羽的动向，这个人就是项伯。项伯曾为刘邦送来重要信息：九江王英布和项羽之间关系不睦。英布是项羽身边的一名武将，实力不容小觑。刘邦得知这个消息后，通过种种手段，策反了英布，让这个武将为自己所用。

刘邦还善于制造假消息。项羽也曾派使者打探刘邦的情况，但精通情报战的刘邦给使者制造了假消息，牢牢将信息的主动权掌握在自己手中。结果，众所周知，刘邦打赢了项羽，改变了历史。

在博弈中，我们一定要遵守沃尔森法则，将信息情报放在第一位。具体而言，如何利用信息为我们服务呢？可以从以下几个方面着手。

第一，把信息作为决策的重要依据。在博弈中，我们应根据准确高效的信息制定决策，尽可能多、尽可能快地掌握相关信息，以指导我们的决策。同时，要密切关注竞争对手及外部环境的信息变化，及时调整自己的策略。

第二，把信息当作创新的源泉。无论在哪个领域，创新的源泉往往依赖于前沿的行业信息或相关的跨界信息。只有及时、全面地掌握重要信息，才能更准确地评估市场趋势、预测未来发展方向。新鲜的信息和一手的资讯往往能激发人的灵感，使开发者们脱颖而出，提供具有竞争力的产品和服务。

第三，把信息当作合作的基础。这是一个讲究合作共赢的时代，我们在博弈中既需要与人竞争，也需要与人合作。那么，如何挑选合作者，就需要通过信息交流来确定。信任的基础，往往来自足够的信息量。我们既需要向合作者展示我们的关键信息，也需要通过对方展示的信息来了解对方。只有互相了解，找到双方共同的目标和利益点，才能稳固双方的合作关系。

14. 甄别出有效的信息，不被错误信息误导

大千世界，纷繁复杂。我们每天都会接收到很多信息，却未必能甄别出有用的信息，甚至经常被错误的信息误导，从而做出错误的决策，在博弈中输给对手，甚至输掉自己的人生。如何避免这种悲剧的发生呢？毫无疑问，我们需要提高甄别信息的能力。

历史上，被假信息误导，掉入陷阱，丢掉性命的例子比比皆是。

公元前341年，韩国被魏国攻打，于是，韩国向齐国请求支援。齐王派田忌直接攻打魏国。魏将庞涓得知这个消息后，立即放弃攻打韩国的计划，领军回魏国抗齐。此时，齐军已经越过魏国的边界，情况在庞涓看来十分危急，他快马加鞭，向魏国挺进。

齐国的军师孙膑向田忌献计："魏军凶猛且骄傲自大，认为齐军胆小怯懦，我们应该好好利用魏军的自大心理。"于是，田忌下令，第一天，砌做十万人饭的灶；第二天，只砌做五万人饭的灶；到了第三天，就只砌做三万人饭的灶了。

庞涓在三天内看到齐国军队做饭的灶越来越少，开始轻敌，以为齐军胆小怯懦，逃跑和战死的人数已经过半。他减少了步兵，只带领精锐部队，轻装上阵，快马加鞭地追击齐军。当晚，庞涓就赶到马陵，此地道路狭窄，地势险要，适合埋伏。

不过，庞涓到了此处，仍然麻痹大意。看到砍掉树皮的白木上写着几个大字，他便命人点起火把查看，发现写的是："庞涓死于此树之下。"就在这时，将火光视为发箭信号的齐军集体向魏军射箭。魏军中了埋伏，死

伤无数，败局已定。庞涓无力回天，只能拔剑自尽。

在这个例子中，庞涓因为无法识别齐军故意制造的"虚假"信息，从而落入敌人的圈套，盲目轻敌。他因此做出了错误的决策，丢下了自己的步兵，连夜追击敌人，又对齐军毫无防备之心，导致中了埋伏，最终折损了自己和将士的性命，可谓可悲可叹。

从这个故事中，我们不难看出，在双方博弈中，即便是实力强大的一方，如果被虚假信息误导，也会由胜转败。而制造假消息的一方，即便暂时处于弱势，在掌握信息的主动权之后，也能反败为胜，取得最终的胜利。

那么，我们该如何提高甄别信息的能力呢？古人在查案的时候，想出了一个鉴定信息真伪的好办法。现在，就让我们来看一看下面这个故事吧，看看古人是如何甄别信息真伪的。

一次，有位县令接到一个案子：两个妇女争夺一个孩子，两个人都声称孩子是自己的，各不相让。口说无凭，大家都无法分辨两人所说的话是真是假，无法断案。

县令思考片刻，对身边的衙役说："既然无法分辨孩子是谁的，那就把孩子劈成两半，一人分一半。"此时，其中一个妇人崩溃大哭，请求县令不要劈孩子，她愿意把孩子让给另一个妇人。另一个妇人则得意扬扬地说："认输吧！我得不到孩子，你也别想得到！"

两个妇人截然不同的表现让大家恍然大悟：原来，崩溃大哭的那个妇人才是孩子的亲生母亲，而得意扬扬的妇人说了假话。毕竟，世上没有任何一个疼爱自己孩子的母亲愿意把孩子劈成两半，哪怕因此失去了孩子的抚养权，也要保住孩子的性命。

在这个故事中，县令通过试探的办法，考验两个妇女对孩子的真实感情，从两人的真情实感中判断出信息真假。毕竟，感情是欺骗不了人的。县令所使用的这个办法，在博弈论中被称为"机制设计"，即设计一套博弈规则，让对方在规则中做出选择，然后根据他们的选择看穿对方的真实目的。

当然，现实中的"机制设计"往往比上述例子复杂得多，博弈对手的表现也不会像例子中的人物那样简单直白。这时，我们就需要具体问题具体分析。可以多设计几种机制，多观察对方的细微表现，把各种细节串联起来，得出准确有效的信息。

除此以外，想要准确地甄别信息真假，还需要做到以下几点。

第一，避免信息过载。为了保持清醒的头脑，我们不能一次接收过多的信息，否则信息过载会让我们眼花缭乱，影响我们的思考和分析。

第二，严格筛选信息来源。我们要对所接收到的信息保持警惕，仔细甄别来源，以免掉入竞争对手精心设置的"圈套"之中。

第三，判断信息的价值。在接收到信息后，我们要养成分析信息的习惯，判断所接收的信息是否有价值。对于有用的信息应充分利用，而对于无用的信息应立即摒弃。

15. 信息收集与分析：提升博弈能力的关键

做好信息的收集与分析，在博弈中将大大提高获胜的概率。作为博弈的一方，如果想打败对手，就要通过各种渠道收集有价值的信息，特别是对手的信息，尽可能做到知己知彼。

博弈本质上是人与人之间的较量，了解对手的思维信仰、脾气禀性、生活习惯、学历阅历、人品修养等详细情况，是非常必要的。如何去了解这些信息呢？其实，一个人隐藏得再深，通过言谈举止、神情体态、兴趣习惯等，总能透露出很多痕迹。

我们需要一双善于观察、善于发现的眼睛，对各种影响博弈成果的关键信息都要小心留意，尽量捕捉那些转瞬即逝的信息，让这些信息为我们所用，创造出它们应有的价值。通过小事来观察对手及相关情况，收集人和事的隐藏信息和规律，在博弈中显得尤为重要。

知己知彼，方能百战百胜。千百年前，古人就已经意识到收集信息与分析信息的重要性。尤其在战争中，信息的收集和利用，常常决定一场或多场战役的胜负，关系到将士和百姓的性命。

在《三国演义》中，"草船借箭"的故事可谓家喻户晓。在这个故事中，诸葛亮的博弈对手是周瑜和曹操。他对对手的了解，就像对自己的了解一样深入。曹操多疑，周瑜善妒，这些对手的特质，他是如何知道的呢？不可能凭空想象，必须是通过一步步的观察、分析、较量，才能得到如此重要的信息。

一次，周瑜请诸葛亮共商抗曹大计，询问用什么武器抗敌。诸葛亮说:"当然是用弓箭最好。"周瑜接着给诸葛亮设下陷阱:"您想的和我想的一样,不过现在军队里缺箭,请先生在十天内造出十万支箭来。这个任务只有您能完成,还请您不要推辞。"

诸葛亮一听这话,就知道这是周瑜陷害自己的毒计。十天造十万支箭,若是按常规的办法,是做不到的。完成不了任务,就要受罚。

面对周瑜的计谋,诸葛亮并不慌张。他不仅答应了这个要求,还将时间缩短为三天。周瑜大喜,但仍不放心地说:"军情紧急,不能开玩笑。"诸葛亮当场立下军令状,正合周瑜的意。

从周瑜那里离开后,诸葛亮向鲁肃求助,请他给自己派二十条船,每条船上配三十多名士兵,再配一千多个草人,并用布把船遮起来。诸葛亮还特意交代,这件事情不能让周瑜知道,否则周瑜会搞破坏。鲁肃答应了,悄悄为诸葛亮准备这一切。

第一、第二天,诸葛亮都没有行动。到了第三天半夜,诸葛亮命军士们借着江上的大雾,靠近曹军的水寨,并擂鼓呐喊,制造大规模袭击曹营的假象。曹操看到江上动静很大,又看不清具体情况,怕中了敌人的埋伏,只得派了几千名弓箭手,朝江中放箭。

很快,草船上扎满了箭,诸葛亮这边的军士满载而归,按时交差。周瑜得知事情的经过,不得不钦佩诸葛亮,称赞他神机妙算!

后来,鲁肃问诸葛亮:"你当时怎么知道三天后有大雾?"诸葛亮说:"作为将领,如果不知天文、不识地理,不懂奇门遁甲、阴阳五行这些知识,又不擅长行军作战中的布阵和兵势,那他就是庸才了。我正是利用天文知识,算出那天有大雾可以利用,才有把握完成任务。"

在这个故事中,诸葛亮无疑是博弈的高手。他之所以能够赢得这场博弈,保住自己的性命,是因为他收集了足够多的信息。首先,他通过天文知识,收集了天气环境的信息,知道三天后有大雾,这是实现目标的天气条件。

其次,他收集了大量对手和敌军的信息。曹操的多疑是一个可以利用的弱点。周瑜的善妒，让诸葛亮提前防备。在实施计划的过程中，诸葛亮全程瞒着周瑜，以防止对方因忌妒心作祟而破坏计划。

再次，诸葛亮提前收集了很多关于队友鲁肃的信息，了解到此人既仗义又能保守秘密，在实施计划的过程中，得到了队友的多方支持。

最后，他提前收集了两军的作战环境信息，在熟悉的环境中进可攻、退可守。

可以说，这几方面的信息，缺一不可。但凡缺少了其中一方面，诸葛亮都可能输掉这场博弈，并因为周瑜的忌妒而断送性命。

那么，我们在博弈的过程中收集信息，要注意哪些方面呢？

第一，充实知识储备。不得不说，想要收集到准确有用的信息，需要大量的知识储备。诸葛亮神机妙算的背后，是博学多才。他懂天文，才能准确获取天气的信息；他精通人性，才能了解博弈对手以及队友的性格特征，并通过这些信息预判他们的行动。

第二，用已知信息撬动更多信息。在博弈中，我们得到的信息往往不够充分。在这种情况下，需要对已知信息加以分析、推演，通过符合逻辑的推断，预判一个信息中所包含的巨大信息量。从一个微小的信息中，预见博弈对手的下一步行动。

16. 看穿"酒吧博弈"，经验不一定最有效

在博弈过程中，参与者往往得不到充足的信息。这时，他们只能通过经验来判断一件事情的发展和结局，以及是否能够从中获利。然而，经验并不总是可靠的，下面这个"酒吧博弈"的例子正好说明了这个道理。

假设有一个老板开了一家酒吧，生意非常好，每天都有很多顾客。然而，这家酒吧的面积不大，顾客需要排队消费。在人多的情况下，消费体验并不理想。因此，顾客开始考虑，何时去酒吧才能避开人流高峰，获得一个愉快的消费体验。

假设附近有100个人经常去酒吧消费，而酒吧在容纳60个人时，环境舒适不拥挤。在第一个周末，消费者根据经验推测，上次消费体验不好，这次去酒吧的人应该不会超过60个，所以大家都选择在这个时候去酒吧。结果，酒吧的生意非常火爆，远远超过了60人，顾客都没有好的体验。

于是，在下一个周末，顾客们根据上次的经验推测，上周很多人去酒吧，这周应该也会有很多人去，所以还是不去了。结果，大家都不去，酒吧的生意非常冷清。从消费者的角度来说，这个时候去酒吧，就不会拥挤，但他们都错过了这个机会。

从这个例子中，我们可以得出结论：消费者的经验对他们的决策并没有指导作用。由于消费者之间缺乏关键信息，他们无法进行交流和约定，哪天去酒吧，哪天不去，因此经常做出错误决策。由此可见，在不完全信息博弈中，经验的作用并不大。

经验无效的例子，在生活中屡见不鲜。

小凤的高考成绩出来后，她开始选择学校和专业。她根据老师、家长、学长、学姐们的指导，进行了慎重选择。对于往年非常热门的学校和专业，小凤觉得以自己的成绩，无法与更优秀的学生竞争，于是，她选择了相对冷门的学校和专业。

然而，让她意想不到的是，其他学生也有类似的想法。那些对自己不太自信的学生，都选择了和她一样的学校和专业，结果往年冷门的学校和专业在今年变得热门起来，竞争异常激烈。而往年热门的学校和专业，反而变得相对冷门，竞争也少了很多。

可见，在博弈过程中，如果我们盲目相信自己的经验，很可能会做出错误的决策。同样，盲目相信别人的经验，也会导致错误决策的产生。即便这些经验来自德高望重、知识渊博的专业人士，也未必可信。因为在信息不透明的情况下，对手的策略是变化多端的，充满变数。

在做决策时，我们如何避免"酒吧博弈"中的错误决策，正确对待自己和他人的经验呢？

第一，打破对经验的依赖。在博弈中，我们要勇于打破对经验的依赖，甚至应该用逆向思维判断对手的决策，从而避开激烈的竞争，做出对自己有利的选择。同时要注意收集最新信息，对比新信息与旧信息的区别，用最新的资讯作为参考，解决当前的问题。

第二，从不同的角度思考问题。在博弈中，依赖单一的经验通常无法解决复杂的问题。我们应从多种角度来分析问题，预判在每种情况下应采取何种最有利的策略，然后选择一个稳妥的策略，将可能遭受的损失降到最低。

17. 坦诚沟通，打破"柠檬市场"的魔咒

什么是柠檬市场呢？柠檬外表金黄，看起来美丽又充满诱惑。实际上，它的味道十分酸涩，比不上其他水果那么甜美。在经济术语中，柠檬市场被称为"次品市场"。柠檬市场的存在，源于博弈双方信息不对称，通常是卖方对产品的质量了如指掌，而买方对产品质量一无所知。

在信息不对称、不透明的情况下，卖方鼓吹产品质量很好，如果买家相信了，用高价买下次品，就会在这场买卖博弈中成为输家。卖方虽然暂时获得了高额利润，却影响了信誉和口碑，导致后续的合作无法展开，或只能以低于实际价值的价格售卖产品。从长期博弈的收益来看，卖方也是输家。

柠檬市场通常出现在二手市场。因为商品不是全新的，买家并不知道这件商品存在什么样的损耗。一切信息只能凭借卖家的一面之词，而买家由于缺乏关键信息，并没有分辨鉴别商品优劣的能力。

小红是一个电脑"小白"，她独自一人去电脑城买电脑。在一家新店门前，她被店里的促销海报所吸引，走进店里。老板很热情地招呼她，为她介绍各种款式的商品。她很快看中了一款看起来比较新的电脑。

老板告诉她，这台电脑配置很好，全新产品售价1万多元，现在因为熟人用了几天后遇到急事，急需用钱，低价出售，只要5000元就可以买到。小红因为不知道这款产品的来源，也不了解这台电脑在使用过程中是否有损坏，只是根据老板提供的信息，相信了老板的话。

电脑买回来不到3天，小红就发现电脑坏了。她拿到店里要求保修。

谁知老板告诉她，二手电脑不能免费保修，如果需要修理，需要付2000元。小红非常气愤，5000元买的电脑，用不到3天，竟然要花2000元去修理。

小红一怒之下，把电脑拿到专业人士那里进行质量检测。专家告诉她，这台电脑已经报废，关键零件已经损坏，即便花大价钱修好，也用不了几天。小红拿着电脑到相关机构维权，甚至和老板打起了官司。

同时，小红将真实情况发布到社交账号上，引起了很多人的关注。在这种情况下，老板的新店名誉受损，不仅失去了小红这个顾客，还失去了很多本来对这家店感兴趣的潜在顾客。新店本来生意不错，但因为质量问题和信誉问题，营业额一落千丈。

没多久，这家新店就因为无人问津而无法继续经营。老板不仅没有收回成本，还要面临赔偿，亏损严重。后来，有知情人士透露，小红购买的那台电脑是一位用户低价卖出的废品，老板收回来，修修补补之后，当作好产品售卖了。

在这个例子中，由于卖家的不诚实，隐瞒商品信息，以次充好，高价售卖劣质产品，导致他只能得到一次收益，最终失去了整个店的利益。在这场博弈中，他只是暂时得到了些许微利，最终仍然是输家。

而买家小红，因为不了解产品，缺乏足够的信息，高价买了残次品，损害了自己的经济利益，同时也浪费了时间和精力，增加了一份不好的体验。在这场博弈中，她同样是输家。

在柠檬市场中，作为掌握信息优势的一方，一定要坦诚沟通，才能避免双输的局面。毕竟，谁都不是傻子，买了残次品，就不会再合作。

这样不仅会失去已有的客户，还会丧失潜在客户。掌握信息优势的一方，必须明白一个道理：信誉价值千金，好的口碑会促成转介绍，从而达成更多的交易。欺骗性的生意和行业是不会长久的，也不符合商家的长期利益。

作为信息劣势的一方，要如何博弈，才能终结或减少柠檬市场现象的发生呢？除了巧妙地与优势方沟通，想办法获得更多信息以外，我们还需要注意以下两点。

第一，加强维权意识。要避免柠檬市场现象，我们需要在交易商品或服务之前，就有强烈的维权意识。对于价格高昂的产品或服务，一定要从多方面去考虑相关信息的准确性和真实性，如产地、生产日期、防伪信息等。

在达成合作或交易之前，最好有书面协议，约定保修时限或退换货范围和标准等重要问题。在交易结束之后，假如买到假冒伪劣商品，要及时维权，寻求相关部门的帮助。

第二，警惕低价诱惑。如果某些商品或服务远远低于市场价格，那么就需要警惕。应理性思考，低价背后到底存在什么逻辑？如果找不到合理的降价逻辑，那么低价的商品很可能是残次品。

18. "脏脸博弈"：利用"共同知识"影响博弈结果

在博弈中，我们常常只看到对手的劣势，却忽视了自己的劣势。不识庐山真面目，只缘身在此山中。身为局中人，看问题不够全面，对自己缺乏了解，虽然合乎情理，但容易在博弈中失败。为了避免或减少这种对我们不利的局面，我们有必要了解一下"脏脸博弈"的模型。

房间里有三个人，他们的脸都是脏的，但他们并不知道自己的脸是脏的。这时，走进来第四个人，给了他们一个重要的提示："你们三个人里，至少有两个人的脸是脏的。"这三个人互相看了看，都没有意识到自己的脸是脏的。

后来，第四个人又问了一遍："你们知道是谁的脸脏了吗？"这三个人再次互相打量，突然脸红了。因为他们都开始意识到，自己的脸脏了。

如何理解这个模型呢？三个人第一次互相打量，并没有意识到自己脸脏，为什么第二次打量就会意识到自己脸脏呢？他们是根据"共同知识"和逻辑推断来分析自己的脸是否脏了。

在这个博弈模型中，第四个人带来了一个公共信息：至少有两个人脸脏。脸脏的三个人互相打量，他们都看到另外两个人的脸脏。

于是，三个人都意识到：如果只有两个人脸脏，那么自己的脸就是干净的。如果自己的脸是干净的，两个同伴会看到一张脏脸和一张干净的脸，并会意识到自己的脸是脏的，从而感到不好意思，甚至脸红。但三个人都看到对方毫无反应。于是，他们突然意识到，只有在三个人的脸都脏且都不知道自己脸脏的情况下，才会出现这种情况。

在这个博弈模型中，三个人之所以能够意识到自己的脸脏，是通过共同知识和对手的反应来完成的。由此可见，利用共同知识和收集对手信息，对于博弈结果有着非常重要的影响。

什么是共同知识呢？就是大家都知道的事。共同知识，或者说共同信息，在博弈中，既有利又有弊。通常来说，共同知识在一场博弈当中，只是一部分信息，并不是全部的信息。我们可以通过共同信息，推断出对手的策略，预判对方的下一步行动，这是共同信息带来的好处。

然而，共同信息也可能导致对手猜透我们的心思和行动。他们会根据共同信息，分析我们的处境和策略，从而做出对我们不利的反应。这就是共同信息在博弈中带来的坏处。下面这个故事恰好说明了共同信息带来的危机。

古时候，有两个小偷偷了一笔钱。他们逃到财神庙里，准备分赃。这时，两个人都有独占这笔钱的小心思，同时，他们也能猜测到对方有同样的想法。最后谁能得逞呢？两人展开了一场惊心动魄的博弈。

小偷甲对小偷乙说："我们能偷到钱，是财神爷给了我们发财的机会。我们应该去买点酒菜，感谢这位神仙。然后我们再吃点好的，互相庆祝一下。"乙答应了，让甲去买酒菜，自己在庙里等他。

甲买了酒菜回来，招呼乙出来吃喝。不料，刚踏进庙里，乙便从他身后举起一把斧子，将他劈死！解决了甲之后，乙开始独自享受甲买回来的酒菜。谁知，刚吃几口，便中毒身亡。

在这个故事中，甲和乙的共同知识是彼此都想独占那笔钱。根据这一共同知识，他们都能推断出，如果自己不杀死对方，就可能被对方杀死。于是，他们都想先下手为强，结果对彼此下了毒手。

然而，他们不知道的是，对方将会用什么方法、又会在什么时候对自己下毒手。因此，两方博弈失败，形成了恶性均衡。如果他们选择分配钱财，就会形成良性均衡。然而，一旦有人产生伤害对方的念头，事情就只能以悲剧收场。

在实际博弈中，我们应该如何运用脏脸博弈来为我们服务呢？

第一，学会举一反三。在博弈中，我们要从已知的公共知识和对手的反应中推断出事情的发展趋势。既要善于观察别人，也要懂得反省自己，推己及人，推人及己。尤其是在做决策的时候，不能只看到他人的优势和劣势，而忽略自己的优势和劣势。

第二，学会知识共享。脏脸博弈强调共同知识的重要性。如果我们决定与对方合作，或者已经有了合作意向，那么学会知识共享是非常必要的。这样做可以提高效率，同时更容易赢得合作者的信任。

第三，随时调整自己的策略。博弈双方在信息传递的过程中，常常会发生错误，导致一方或双方做出错误的选择。我们应该与博弈对手或队友保持沟通，准确捕捉对方释放的信息。一旦发现自己方向错误，应立即做出调整，避免双输的局面。

19. 避免"劣胜优汰"的逆向选择

物竞天择，优胜劣汰，这本就是世界的规律。但人类在博弈中，也会偶尔出现"劣胜优汰"的逆向选择，造成这种错误决策，往往是因为关键信息被隐匿，影响了我们的判断。想要避免逆向选择，只有一个办法，那就是尽可能多地挖掘关键信息，正确判断事物与事件的本质。

在博弈中，掌握信息主动权的人，往往能做出符合自身利益的选择，而信息闭塞的一方，则会屡屡陷入逆境。被假信息迷惑，吃亏的往往是自己。我们一定要学会辨别信息的真伪，切勿陷入他人的陷阱，做出损害自己利益的选择。

古时，有一位官员准备到新地上任。在去之前，他向一位智者请教管理新地的方法。

智者正在钓鱼，并告诉他："我不懂治理新地的方法，不过，我可以从钓鱼的角度给你分析一下。我把鱼饵放进河里，很快就会吸引到一种叫'阳桥鱼'的鱼类，这种鱼骨多肉少，味道很差。即使我把它钓上来了，也不会吃。我最想钓的一种鱼叫作鲂鱼，这种鱼不容易上钩，但它美味多肉，一旦钓上来就是巨大的收益。"

官员听罢，受益匪浅。他谢过智者，就上任去了。到了新任职地，一群穿着珠光宝气的名流土豪便迎了上来，对他曲意逢迎。官员赶紧对下人说："'阳桥鱼'来了，快走！"从上任的第一天开始，他就谨记智者的教诲，尽量避开那些华而不实的人，主动去结交有真本领的能人贤士，与他们商讨治理大计。

在这个例子中，新官完美避开了逆向选择。因为他已经具备了足够的能力，能够分辨那些品行低下的无用之人。新官将这些华而不实的人比喻为"阳桥鱼"，这些人身上有一个特征，那就是被权力所吸引，自制力差，难以抵制诱惑，对代表"权力"的新官曲意逢迎。

新官本来对新地的情况一无所知，信息量较少。如果他只看表面现象，认为对他热情的人就是支持他、拥护他，愿意与他一起治理新地的人，那么他就会陷入逆向选择的陷阱。好在他向智者请教，得到了启发。

由此可见，要避免逆向选择，就需要了解正向选择到底是什么。即便在信息不足的情况下，仍然可以请教专家，让他们教给我们一些识别关键信息的技巧。同时，我们要防止被表面现象迷惑，读懂正向选择和逆向选择的特征和信号。

在上面的例子中，阳桥鱼的特点是容易上钩，但缺点是骨多肉少，味道差；舫鱼的特点是不容易上钩，但优点是肉多且味道鲜美。这就好比新官上任要招揽人才，蜂拥而至的未必是人才，而低调回避的未必不是人才或合作者。

华而不实的人，有什么特征呢？又会释放什么信号呢？从他们的穿着和言行中，处处透露着关键而隐蔽的信息，聪明的新官懂得去辨别这些信息。在新官看来，他们的特点是穿得光鲜亮丽，常常挥金如土，而对待有权力的人，善于巴结。

真正有本事的人，具有什么特征呢？新官认为，他们穿着朴素、行事低调，可能不善于交际，但总是老老实实、勤勤恳恳地做事。他们总是把时间花在有用的事情上，而忽略外表的浮华，甚至深居简出，拒绝无效的社交。

在日常生活中，逆向选择的例子也并不少见。比如，在婚恋市场上，有些学历高、收入高、长相漂亮的女孩，反而成了大龄剩女。在一些男性看来，一个美女如此优秀，她的择偶要求必然很高，因此不敢去追求。于是，有些优秀的女子就这样剩下来了。

或者是一些长相英俊、经济条件优越、各方面都很出色的男士，让女性望而却步。有些女性认为，这么优秀的男性，肯定不会看上我。即使看上我了，关系也不会长久，还不如一开始就认清现实，选择一个各方面都普通的男性，进入婚姻，这样才相对保险。

还有一些人对优秀的人存在偏见，认为优秀的人如果没有早早被人抢走进入婚恋，那这个人必定存在有某种隐疾或者性格不好相处等问题。不可否认，确实存在这种可能性，但并不是百分之百。

正因为男女个体之间相互了解不够，缺乏关键信息，一些优秀的男女在婚恋市场上遭遇了冷淡对待。而一些条件普通的男女，反而早早进入了婚恋关系。在实际相处的过程中，人们总会发现，条件一般的人未必不存在重要缺陷，而看起来条件优秀的人未必真的有隐藏缺陷。

我们应该如何避免逆向选择的陷阱呢？

第一，看透事物的本质。人们之所以会逆向选择，往往是被表面现象所迷惑，没有动用逻辑和理性去分析事物的本质特征，而是依靠主观臆想来猜测真相。

有的人无法突破自己的惯性思维，总是被主流观念所挟持，而不去深入了解自身的需求和事物之间的逻辑关系，随意做出逆向选择，这是一种对自身不负责任的行为。

第二，挖掘隐藏信息。逆向选择的本质，是某一博弈方缺乏关键信息，整个环境缺乏透明信息。因此，作为信息劣势的一方，应该努力寻求专业机构的帮助，鉴定关键信息。或者积极与博弈对手和合作伙伴公开交流，获取更多有利信息。

第三章

看清概率，摆脱博弈中的"赌徒心态"

20. 博弈中的概率，神秘的精灵

在博弈中，概率扮演着十分重要的角色，尤其是在涉及随机事件或不完全信息博弈的情况下，概率的高低更是决定博弈胜负的关键。概率看起来十分神秘，但它在我们的日常生活中却无处不在。

当我们去做某件事情时，通常会有两种或两种以上的选择，其中一种可能会导致灾难性的结果。不必怀疑，在生活中总会有人选择导致灾难性结果的策略。这说明，概率再小的事件，也有可能发生。

作为一个理性的博弈者，我们想要摆脱灾难性的劣质策略，就需要懂一些概率的知识，最好是拥有成熟的概率思维，让它为我们所用。看起来神秘的概率，到底是什么呢？它是反映随机事件出现可能性大小的估算值。

概率是因果逻辑的一个组成部分，可以说是对因果逻辑的一种补充。当我们有了概率思维，就不能对任何博弈结果给出绝对的答案，而要保留一定的不确定性，这个不确定性在0到100%之间。在博弈中，高手总是能通过概率思维去判断事情的全貌，从而做出优势决策，大大提高获胜率。

日常生活中的概率博弈随处可见，小到掷骰子的游戏，大到社会财富的分配。有人说，在社会中，20%的人占有了80%的财富，富人越来越富，穷人越来越穷。我们先不谈论这种理论的对错，只讨论这个例子中的概率问题。假如理论成立，则富人获取财富的概率很大，穷人获取财富的概率很小。

假设以上理论成立，那么富人更应该努力奋斗，因为他们获得财富的概率更高，会形成越来越富的良性循环。那么，获取财富概率较低的穷人，就应该放弃奋斗吗？也不应该。

当今社会是一个相对公平的社会。穷人通过努力奋斗，获得财富的例子不在少数。对于有利无弊的好事，我们不能因为概率低而放弃。对于有弊无利的坏事，我们不能因为概率低而不加防范。

在《三国演义》中，有一个"火烧赤壁"的故事，说明了概率在博弈中的重要性。

在赤壁之战中，曹操的士兵多为北方人，不善于水战，不习惯坐船，于是他们把船只首尾连接，用铁索绑紧，在上面铺上木板。这样做的好处是，士兵们很快就适应了，就像在平地上作战一般。不过，这么做的坏处也显而易见，如果敌人用火攻，士兵们就会因无法逃脱而全军覆没。

足智多谋的曹操，不可能没有考虑到这个问题。然而，在他看来，敌人使用火攻的概率很小。因为当时曹操在北边，敌军在南边，又是冬季，通常是西北风，很少刮东南风。如果敌军采用火攻，按照风吹的方向，只会烧到自己。

然而，十一月二十日这天，江上忽然吹起了东南风。诸葛亮熟知天文地理，早已留意观察天气，暗中与周瑜商量好作战计划。于是，周瑜提前安排手下大将黄盖，谎称向曹军投降。

就在曹军卸下防备，准备迎接黄盖的时候，黄盖令人把装着柴火和燃油的二十条船驶向曹营。在东南风的作用下，火种点燃了曹军的水上军营，顷刻间大火蔓延。由于曹军的船只都连在一起，无法分散逃跑，损失惨重，烧死和淹死的曹军人马不计其数。

从这个例子中我们可以看出，在双方博弈中，忽视小概率事件可能会给参与者带来非常严重的损失。曹操就是因为忽略了作战环境中的小概率事件，从而打了败仗，牺牲了无数将士的性命。这个惨痛的教训将让他铭记一生。

概率作为一种博弈手段，我们应该怎样利用它，才能产生最大的效益呢？

第一，用概率评估风险。在博弈中，我们应该利用概率来评估风险。尤其是在做出重要决策时，通过分析概率，我们可以判断决策后果的好坏，并做出更为明智的选择。比如，在金融投资的博弈中，了解不同投资选项的风险和回报的概率分布，有助于做出更合理的投资决策。

第二，用概率预测未来。通过概率估算，我们可以预测某项决策在未来一段时间内是产生收益还是造成损失，从而及时调整策略。专家通常通过分析历史数据和数学模型，预测未来某些事件发生或某些方向改变的可能性，从而及早做好应对和预防措施。

第三，用概率分析现状。拥有概率思维的人，会更加冷静客观地看待现实。它让我们意识到，任何事情的发生都有可能性和不确定性，并不能通过主观意志来改变。早早接受现实，有利于我们更好地适应现状，分析现状，从而做出适应当下的有利决策。

21. 混合策略：概率的游戏

在博弈中，策略的选择非常重要，它甚至可以决定取胜的概率。博弈中的策略分为混合策略和纯策略。纯策略是指每个参与者选择的确定性策略，也就是说，参与者在做决策时，只选择一种行动方案，而不考虑其他策略，不注重概率分配。

混合策略是指参与者根据概率分布情况选择不同的纯策略。混合策略的好处在于增加参与者行为的随机性和不确定性，使对手难以预测，从而提高取胜的概率。

举一个简单的例子，在"剪刀石头布"的游戏中，如果这个人只出布，那么他的策略就是一个纯策略。如果他一会儿出剪刀，一会儿出布，偶尔出石头，那么这就是混合策略。毫无疑问，在"剪刀石头布"这种形式的博弈中，选择混合策略的取胜概率会比选择纯策略高很多。

混合策略增加了随机性，使博弈行为更加复杂，而纯策略则只是一场简单的博弈。混合策略的目的是找到博弈平衡的最优解，降低对手对自己的预测性，从而提高获胜的概率。

在我们的日常生活中，使用混合策略的例子随处可见。除了"剪刀石头布"的游戏外，乒乓球战术、足球战术等方面也都用到了混合策略。在这种互动性很强的博弈游戏中，如果我们表现出一定的规律，就会被对手识别，从而受到针对性的攻击，轻易地被对手打败。

在历史上，流传着一则广为人知的故事——《田忌赛马》。故事中的田忌在与齐威王的博弈中，巧妙地运用了混合策略。

博弈智慧
权衡利弊，追求最优结果的一门学问

齐国的大将田忌经常和齐威王赛马，比赛设定为三局两胜。在开始的几次比赛中，田忌屡屡输给齐威王，于是向足智多谋的军师孙膑求助。孙膑看了比赛之后，总结出田忌失败的原因，并给田忌出了一个主意。

孙膑说："我看了将军与大王的比赛，发现将军的三个等次的马比大王的马实力差一些，但差距不大。如果你分别用自己的上、中、下三等马和大王的上、中、下三等马比赛，结果肯定每次都会输。"

田忌很苦恼，询问道："那有什么办法吗？"孙膑神秘一笑，说道："下次你按照我的方法赛马，肯定会赢。"田忌大喜，又和齐威王约了一场比赛。齐威王不屑地说："将军又要给本王送钱了，再怎么比你也是输。"

比赛开始时，孙膑坐在田忌身旁，为田忌谋划。第一局，田忌用自己的下等马与齐威王的上等马对阵，输了。第二局，田忌用自己的上等马对阵齐威王的中等马，赢了。第三局，田忌用自己的中等马对阵齐威王的下等马，又赢了。

在这个例子中，前几次比赛中，田忌和齐威王都使用了纯策略，分别用自己的上、中、下三等马对阵对方的上、中、下三等马。在双方的博弈中，齐威王的马匹实力略胜一筹，于是他每次都赢。后来，孙膑总结出双方博弈的比赛规律。

在最后一场比赛中，田忌不再沿用前几次的单一策略，而是采用了混合策略，打乱了马匹的出场顺序。在精准估算自己的取胜概率后，田忌采用了最优的策略组合。他是如何估算概率的呢？

根据比赛经验，田忌一方估算出他们的上等马能赢齐威王的中等马，他们的中等马能赢齐威王的下等马，保证三局中有两局能赢。至于另外一局，输了也无妨。

在博弈中，混合策略确实能提高取胜的概率。但在实际运用中，我们也需要注意以下两个方面的问题。

第一，要有全局观念。混合策略本质上是纵观全局后采用的策略组合。如果不能用全局的眼光去看问题，无法估算每次策略的输赢概率，随便出

招，那只能错失高概率的策略，甚至一败涂地。因此，混合策略虽然有一定的随机性，但也是在估算全局输赢概率的基础上进行的。

第二，不必刻意追求均衡。在混合策略博弈中，有时并不存在纳什均衡。纳什均衡是在非合作博弈中，参与者都是根据对手的策略采取的最优反应，均衡的结果不是双赢就是双输。而在混合策略博弈中，结局往往不止两种，比如在"剪刀石头布"游戏中，参与者每次博弈的输赢概率都是三分之一。而最终的胜利，往往是多次博弈的结果，比如三局两胜、五局三胜等。

22. 看懂"警察小偷博弈",不按套路出牌

在双人博弈中,我们常常遇到双方信息不全的情况。我们在等待对方做出策略,然后根据对方的策略调整我们的策略。然而,对方也是一个理性的对手,他也在等待我们做出策略,并根据我们的行动调整自己的策略。在这种情况下,我们应该如何提高自己在博弈中取胜的概率呢?

下面这个"警察与小偷"的博弈模型,能够给我们很大的启发。

在某个片区,有一名巡逻警察,负责两条街道,甲街和乙街。这个片区有一个惯偷,经常偷窃群众的钱财。那么,警察应该巡逻甲街还是乙街,才能抓到小偷呢?当他巡逻甲街时,小偷可能去偷乙街;当他巡逻乙街时,小偷可能去偷甲街。

从理论上讲,无论警察决定巡逻甲街还是乙街,他抓到小偷的概率都是50%。然而,如果他形成了巡逻规律或偏好,比如上午巡逻甲街,下午巡逻乙街,或者重点保护甲街,那么他的巡逻规律或倾向就可能被小偷掌握,从而成功实施偷盗。

所以,此时警察应该采用随机策略,通过抽签的方式决定巡逻甲街还是乙街,这样才能最大概率抓到小偷。当然,从小偷的角度来看,他也应该采取随机策略,才能最大概率逃避警察的抓捕。一旦他形成了固定的偷盗规律,被抓的可能性就会大大提高。

随机策略的应用在日常生活中比比皆是,下面这个例子就是随机策略。

有一对异地恋人,经常给对方打电话,互诉衷肠。有一次,两人刚聊

到一半，电话忽然中断了。那么这个时候，是男方给女方打电话，还是女方给男方打电话更合适呢？如果双方有过约定，规定了男方主动打电话，则男方拨打女方电话是最佳策略。

如果双方没有明确约定谁主动打电话、谁被动接听，那么两人可能会陷入两难境地。如果男方主动打电话，女方也可能同时给他打电话，则电话会占线。如果双方都认为对方会主动打电话，选择等待，则可能双方都没有打电话，浪费了时间却没有任何收益。

在这种情况下，一方的最佳策略取决于对方采取什么行动。问题在于，两人身处异地，信息中断，双方都不清楚对方何时会采取行动。为了提高电话接通的概率，两人只能采取随机策略，可以主动打电话，也可以被动等待。如果电话打不通，就继续等待。如果等待一段时间后，对方仍然没有打过来，自己就主动打过去。

在实施随机策略的过程中，应该注意哪些问题呢？以下两个方面需要着重考虑。

第一，提高概率不能决定结果。在博弈中，随机策略可能会提高我们的取胜概率，但概率高并不能必然带来胜利。因此，博弈者不应盲目信奉高概率的决策能带来好的结果，而是需要密切关注博弈过程中的信息变化，抓住有效信息，随时调整策略，做出对自己有利的选择。

第二，做好多种预案，想好应对策略。在博弈中，大体有四种结果：第一种是双赢的局面，第二种是双输的局面，第三种是我赢敌人输，第四种是我输敌人赢。因为随机策略的不稳定性，我们很难预判结果。所以，在博弈之前，就要预料到多种情况发生后的相应应对策略。

23. 次数会影响博弈均衡的结果

博弈可分为单次博弈和多次博弈。我们在估算博弈输赢概率时，往往通过多次博弈的数据来总结规律。在日常生活中，发生过两次的事情，往往会发生第三次。随着博弈次数的增加，博弈的均衡结果也会受到影响。

博弈中的概率和次数存在非常密切的关系。在随机事件中，如果事件发生的次数增加，那么由这种事件导致某种现象出现的概率就会趋近于其理论值。次数影响概率的常见例子就是抛硬币的游戏。

当我们抛一枚硬币时，理论上，正面朝上的概率是50%。如果我们只抛两次硬币，很可能一次正面朝上的情况都没有。所以，此时实际单次概率为零。如果我们抛100次硬币呢？那么，正面朝上的次数可能会接近50，也就是说，正面朝上的概率接近50%，与理论上的概率接近或相等。

从这个例子中可以看出，随着抛硬币次数的增加，结果与理论上的概率越来越接近。科学家为了证明某个结论，需要通过大量的实验来验证结论的准确性。因此，提高实验次数确实能够更准确地预估某些现象发生的概率。

比如，当我们做100次实验之后，某一现象发生的次数大概为50，就可以估算这一现象发生的概率为50%。因此，当我们无法预测一件事情的概率时，通过增加实验次数，就可以估算出大概的概率。当然，这件事情应该以不损害我们的利益为前提，不能明知山有虎，偏向虎山行。

生活中，通过增加博弈次数来影响博弈结果、提高取胜概率的例子比比皆是。比如，一个学生参加高考，只有一次正式决定输赢的考试，得分多少将影响他是否能考上好的学校。这时，从理论上说，他考上好学校的概率是50%。

但在正式的高考之前，他参与了无数场模拟考试，从而提高了应试能力。模拟考试实际上是将一次性考试变成了多次练习。我们知道，只要在高考前努力学习，提高应试技巧和知识运用能力，就能在实际高考中取得更好的成绩。

这是一个通过增加博弈次数，增加成功概率的常见例子。除了高考，我们在人生中还有无数大大小小的目标，需要通过与他人博弈，赢得胜利的果实。大家都知道，只有经过无数次努力，才能提高成功的概率。

当我们想要去做一件事，而又没有把握的时候，理论上，我们成功的概率只有一半。因为这件事情做了之后，不是成功就是失败。成功是好的均衡结果，失败则是坏的均衡结果。不同的是，在博弈中，我们的成功可能会导致部分人的失败，而我们的失败可能会导致部分人的成功。

为了提高成功的概率，我们需要增加博弈的次数。无论是"模拟博弈"，如高考前的模拟考试，提前多次预演博弈场景，还是正式博弈，博弈次数的增加往往都能提高成功的概率。

比如，很多人在考研失败后，开始"二战""三战"。每次参加考研，都是一次正式的博弈。而在每次考研之前，考生反复做的模拟试题，就是"模拟博弈"。考生通过多次的"模拟博弈"和正式博弈，提高了考研成功的概率。

在多次博弈中，即便每次博弈的条件、规则和内容是相同的，由于参与者考虑到长期的合作和利益，他们会在当前阶段的博弈中，为了避免其他博弈者在后续阶段的对抗、报复和恶性竞争，暂时放弃当前的利益。

一次性博弈是静态博弈，博弈双方更在意眼前的利益，在意双方是否能够在当下利益的分配上达成均衡。而多次博弈是动态博弈，参与者会为了最终的胜利放弃单次的收益，从而选择不同于单次博弈的均衡策略。策略的改变将影响博弈的结果。

当然，我们在利用次数提高博弈成功概率的过程中，也要注意以下两点。

第一，合理评估自己的实力。虽然通过增加博弈次数可以提高成功概率，但这种方法并不是在任何情况下都有效。如果我们与博弈对手之间的实力相差过大，就不应硬碰硬。在这种情况下增加博弈次数，只会浪费人力和时间成本。

比如，有人在考研上浪费了几年的时间，依然没有成功。如果继续将大量的时间和精力花费在考研上，可能会错失很多人生机会，对自己的人生规划造成深远的影响。在这种情况下，合理评估自己的实力，正确取舍，显得尤为重要。

第二，概率太小的事，不值得多次博弈。在一些随机性事件中，博弈成功的概率非常渺茫，且毫无规律可循。在这种情况下，即便增加博弈的次数，也无法提高成功的概率。遇到这种情况，应该果断放弃。

24. 当心！概率有时会说谎

在博弈中，拥有概率思维往往能帮助我们做出正确的决策，为获取胜利的果实贡献力量。然而，过度使用概率来解读我们的生活，误用概率做出错误决策，导致利益受损的例子也不在少数。因此，我们要合理使用概率，并且要擦亮眼睛，识别概率的误区，警惕概率的"谎言"。

概率是一种对未知事物的预测值，具有很大的可能性，但并不等于必然性。在博弈中，轻视概率，认为概率低的事情绝不会发生，可能会导致严重的损失。所谓"未雨绸缪"，说的就是通过概率预知，对未发生的损失进行预防。

与轻视概率的态度不同，日常生活中的人们有时走向了另一个极端，把偶然发现的小概率事件当作一种必然。只要看到身边的人成功做成某件事或发生了某些事情，就把这样的独特案例当作人生经验，觉得自己也可以做到，或者认为这样的事情也会发生在自己身上。

小青和小强是一对年轻夫妻。小强爱抽烟，小青经常劝丈夫，说吸烟对身体不好，应该戒掉。然而，小强却用自己身边看到的一个例子来反驳小青："隔壁那个王大叔，他十几岁开始吸烟，每天两三包，现在活到80多岁了，还是那么健康。"

小青难以反驳丈夫的"强词夺理"，因为王大叔的事例真实存在，并且就发生在自己身边。她不仅不再反对丈夫抽烟，甚至觉得丈夫说的话也有一定的道理。并不是人人抽烟都会对健康有害，有些人抽了那么多烟，不还是没事吗？

在这个例子中，丈夫小强把偶然的小概率事件当作必然。这种现象被称为"鲜活性效应"：对于更为生动，并因此在记忆中更易提取的证据，人们赋予其过高的权重。

类似的例子真是太多了。比如，我们经常听到一些人大谈"读书无用论"，并且能够轻而易举地从身边的事件中找到支持自己论调的证据：你看，村头的某某某没读几天书，还不是照样当大老板，赚得盆满钵满。村尾的某某某拿到了研究生学历，到现在连个工作都没找到。

在这些极端的例子中，有些人的思维受到了"鲜活性效应"的影响，将概率极低的偶然事件当作必然发生的事件。在博弈中，我们千万不能受这种思想的影响。如果有必要，应该尽可能用概率极高的"大数据"来反驳这种错误言论。

比如，上述案例中的小青，应该拿出吸烟人群患病率极高的真实数据，去反驳并说服丈夫认同自己的观点，让他重视戒烟这件事，至少能够少抽一点儿。

在博弈中，除了上面提到的现象，还有哪些概率上的误区需要我们注意呢？以下这两个方面应当引起我们的重视。

第一，抽样偏差。在数据源积累不足的情况下，将少数样本的数据结果用于整体分析，就会造成抽样偏差。如果我们只对某一环境下的特定人群进行抽样调查，得到的调查结果肯定会与不同环境、不同条件下的全部人群的平均值相差较远。因此，我们一定要避免出现这种现象。

第二，过度简化概率模型。概率在实际应用中具有一定的复杂性，需要依赖特定的条件才能成立。如果过度简化概率模型，甚至错误地使用加减乘除的算法来简单计算概率，忽略个体事件与群体事件之间的差别，可能会导致错误的结论或预测，造成巨大的损失。

25. 研究概率，并不等同于赌博

概率是我们日常生活中的一个重要数学工具，也是博弈中的常用手段。通过概率，我们可以预估即将要做的事情的大致收益和潜在风险。它能指导我们做出有利于自身的正确决策，避免遭遇重大损失。

然而，研究概率不等同于赌博，我们一定要对此有深刻的认识。有人误解：研究概率就是研究赌博。这种想法是不对的。随着概率学科的发展壮大，它已经逐渐被应用到各行各业，甚至成为某些领域中的重要工具。比如会计、经济、金融等方面，都是比较重视并准确使用概率的领域。

在日常生活中，我们不仅不应该将概率运用于赌博，反而需要利用概率的知识来杜绝赌博行为。在概率使用的误区中，非常明显的一条就是赌徒谬误。

赌徒谬误是指人们在判断一件随机发生的事情时，往往认为增加次数能增加这件事情发生的概率，这是一种错误的认知。在前面的章节中，我们确实提到过，在某些有规律、有关联的多次博弈行为中，增加博弈的次数能够提高成功的概率。

然而，次数影响概率的理论是需要前提条件的，这个前提就是，前一次博弈与后面的多次博弈之间存在着有规律的变量关系。比如，我们常说的"越努力越幸运"，就是一种有规律的变量关系，即努力的次数越多，得到的收益越大。

在赌博这种行为中，前一次的博弈与后面的无数次博弈并不存在关联，更没有规律可循。每一次赌博都是独立事件，毫无规律可言，是输是赢全靠这一次的运气。这一次的博弈赢了，并不能保证运气会一直好下去。

相反，如果这一次赌博输了，下一次可能还会继续输，也不存在奖罚机制，输了也不会补偿你的损失。就像抛硬币的游戏，无论我们抛100次还是抛1次，正面朝上的概率最高也只有50%，而且次数越多，越接近50%的概率。

因此，在抛硬币这种偶然性的事件中，前一次的结果并不能影响后续无数次的结果。次数的增加，只能让结果越来越接近理论上的概率，也就是50%，而不能提高硬币正面朝上或反面朝上的概率。

赌博的游戏机制实际上和投硬币的游戏是一样的，都是通过单次博弈来计算收益，而不是通过多次博弈来计算总收益。甚至，随着博弈次数的增加，损失会越来越严重。

理论上，赌博行为有一半的概率能够获胜，但这只是理论上的最高概率。在实际操作中，庄家有许多"隐形作弊"的空间，最终会导致赌徒"十赌九输"的悲惨结局。即便庄家不作弊，在绝对公平的游戏机制下，最高的胜率达到50%，也只是理论上的预测结果，并不等同于真实的结果。

在需要用真金白银或高昂代价作为筹码的博弈行为中，别说50%的概率我们输不起，就是1%的概率我们也承担不起。

写出《孙子兵法》的作者孙武，是中国春秋时期的军事家。一次，他在带兵打仗时，遇到了敌强我弱的情况，士兵们士气大减，信心不足。这种情况是不利于作战的。但当时情势所迫，又不得不打。于是，孙武想出了一个鼓舞士气的妙计。

那时候，士兵们都比较迷信，相信冥冥之中有一种神秘的力量决定一场战争的胜负。孙武迎合士兵们的心理，在出兵前举行了一场盛大的祷告仪式，用铜钱的正反两面来预估战争的结果。

孙武在这次仪式中，闭上眼睛，郑重其事地抛了一把铜币。结果，他睁开眼睛后，发现每一枚铜币都正面朝上！士兵们惊呆了，纷纷表示："这真是天助我也！上天要我们赢得这场战争，我们一定要对自己有信心，好好打仗！"

一时间，士气大增。大家怀着必胜的决心，努力地进行这场战争，最终赢得了胜利。战争结束后，孙武让士兵们把散落在地的铜币翻过来，原来，每个铜币都是两枚背面贴在一起，无论怎么抛，都只能看到铜币的正面。

在这个例子中，我们得到两个结论。

第一，在重大事情上，我们不能依靠赌博。孙武打仗，士气的高低关系着战争的胜负，关系着每个将士的生死存亡。在这种大事上，孙武绝不能将博弈的结果交给概率。因此，他利用了士兵们的心理，在概率游戏上做了一些手脚，追求"必胜"的结果，也为这场战争的胜利奠定了坚实的心理基础。

第二，如果没有退路，就要善用巧劲。生活中的大多数赌博行为都是可以拒绝的。但有时候迫于形势，我们需要与对手进行一场没有退路的博弈，这样的博弈往往是一次性决定成败，与赌博中的随机事件相似。即便如此，我们也不能把结果交给概率，而是要善用巧劲，通过暗中改变游戏机制等方式来提高成功的概率。

26. 列出"最好的可能"和"最坏的打算"

在博弈中，概率的本质是预测未来。既然是一种预测行为，就无法保证结果。因此，我们要做好两手准备，两手都要硬！

在博弈之前，参与者需要列出博弈中和博弈后"最好的可能"和"最坏的打算"。通过这两种极端的推测，预估这场博弈的最大收益，判断是否值得我们出手，同时评估这场博弈的最大损失，判断以我们的实力是否能够承受。

预估最好的结局，是为了增强我们的信心，设计最优的路径，让我们提高取胜的概率。然而，概率只是概率，并不是必然，我们也必须做好最坏的打算。如果失败了，应该如何弥补损失，是否还有第二条折中之路，等等。

总而言之，列出最好的可能，做好最坏的打算，是一种衡量利弊和未雨绸缪的理智行为。做到这一步，无论博弈的结果如何，我们都会问心无愧，并且找好了退路。这样做能减少可能发生的损失，有利于我们调动一切有利的资源，尽力去赢得这场博弈的最大收益。

在博弈中，我们研究概率，最重要的是学会博弈思维。下面这个例子讲述的就是一个死囚利用概率思维起死回生的故事。

古时候，有一个阴险狡诈又凶狠的国王，任何反对他的人都没有好下场。这个国王又是个虚伪的人，他不愿让大家看到他凶残的一面，所以总是用各种"正当"理由和手段处死向他提出反对意见的人。

一次，有一个忠臣不小心冒犯了他，他打定主意，要这个臣子死。然而，他又不愿意直接处死臣子，引起众怒。于是，他决定让这个臣子进行一次生死抽签，以显得自己仁慈，愿意给罪臣一次活命的机会。

在抽签之前，国王暗中使了手段，让执行官把所有的签都换成了"死"字。执行官很同情那个将死的臣子，但也无法对抗国王的权威，只能照办。眼看臣子的死期越来越近，执行官很难过，含蓄地对臣子说："你有什么未了的心愿，可以告诉我，我会尽力为你去办。"

臣子感到很奇怪。按理说，自己还有一次抽签的机会，尽管希望渺茫，但并非完全没有活命的可能。通常情况下，执行官会鼓励犯人坦然面对生死。然而，在臣子的案件中，执行官仿佛已经预见到他一定会抽到死签，甚至开始让他交代后事了。

臣子再三询问，果然发现了事情的玄机。这位执行官与臣子关系不错，于是悄悄告诉他事情的真相，让他做好最坏的心理准备。臣子听后，反而觉得很高兴，认为危机就是生机。

行刑当天，执行官像往常一样，为犯人安排生死抽签仪式。只见这位犯人迅速地抓起一个纸签，放在嘴里嚼烂，吞了下去。然后，他叹息道："我听从上天的旨意，如果上天认为我该死，那么我就吞下这个苦果。现在只需要查看剩下的纸签，就知道我吞下去的是'生'字还是'死'字了。"

执行官查看了所有纸签，果然每个纸签上都是"死"字。游戏规则是国王定下的，假如当着这么多人的面不遵守，就会失去威信。为了防止触犯众怒，国王当场赦免了臣子的死罪。

这个故事中，臣子本来已经面临糟糕的结局，连最后一次活命的机会都被国王换成了死签，宣判他的博弈结果，百分之百的概率是死亡。但事情没有发生之前，总是有办法的。因为臣子知道了最坏的结局，也做好了最坏的准备和打算，反而为他赢得了活命的机会。他巧用概率，把自己的活命概率从零提高到了百分之百。

在日常生活的博弈中，如果我们能拥有臣子那般的概率思维，有时候死局也能转变成生局。

在博弈中，如果我们遇到这种非生即死的极端局面，或者无法预知一件事情的胜负概率时，又该如何利用概率思维，为自己争取最大的利益呢？

第一，学会征求他人的意见。当我们无法判断一件事情的概率时，除了列出利弊对照表之外，还可以尽可能多地征求他人的意见。我们很可能会从经验丰富的人那里得到最重要的信息。就像上述例子中，臣子从执行官口中得到了"全是死签"的坏消息，反而有利于他扭转局面。

第二，从全局的角度看待当前的选择。在做决策时，我们可以用全局的视野，甚至从整个人生规划的角度来看待当前的选择。如果从整体来看，利大于弊，则可以大胆去做。如果弊大于利，哪怕短期有收益，也应该慎重考虑。

第三，面对风险，要勇于突破。概率是预测未来得出的数值，未知的事物，总是充满风险。如果你已经做好了最坏的打算，并且那个结果在你能够承受和可以控制的范围内，同时最大收益带来的回报具有性价比，那就勇敢地向前冲吧！

27. 不赌为赢，别做血本无归的赌徒

十赌九输，这是赌徒在赌场上的真实情况。从这个角度来看，不赌博的人，才是真正的人生赢家。赌博，实际上是赌徒与庄家的博弈，而不是赌徒与赌徒之间的较量。许多赌徒搞错了博弈的对象，因此存有侥幸心理，认为自己可以赢。

赌博是一场充满刺激的游戏，给参与者一种挥金如土的错觉，令人沉迷。庄家利用人性的弱点，稳坐钓鱼台，看着赌徒与赌徒之间互相搏杀，可谓"鹬蚌相争，渔人得利"。参与赌博的人，都是缺乏理性的人，等待他们的永远是血本无归的命运。

赌博是一种零和博弈，没有合作共赢的可能，赌徒之间只有你输我赢或我输你赢这两种极端结局。表面上看，赢的概率有一半。实际上，无论输赢，赌徒都不甘心只赌一次。输了，想把本钱赢回来；赢了，想赢更多。在循环往复的多次博弈中，赢的概率开始变小。

有些赌博根本不需要赌徒之间互相博弈，直接是庄家与赌徒的两方博弈。在这种博弈方式中，赌徒赢的概率根本不可能达到50%。庄家开设赌博游戏是为了赚钱，因此在游戏的设计上，会为自己牟利而服务。因此，赌徒赢的概率非常小，希望渺茫。

小李原本是一个上进的青年，工作稳定，收入颇高，还拥有一个幸福美满的家庭。然而，因为受朋友引诱，他开始沉迷赌博，无心工作和家庭。在挥金如土的过程中，他感受到了极大的刺激。

刚开始，他只是小赌怡情，赌博的金额很少。他的运气很好，小赌几

次都能赢钱。于是，他的胆子慢慢大了起来，加大赌博的投入，想博得更高的收益。然而，就在他把自己的全部身家都拿去赌博的时候，他输了！

倾家荡产，妻离子散，是他赌博的代价。然而，他不甘心就此认输，于是贷款继续去赌。结果，他不仅一分钱也没有赢到，还欠了庄家和贷款公司一大笔钱，这辈子也还不清。催债人员三天两头上门逼债，不但影响了家人、朋友的生活，也严重影响了他的工作。

在经历了几次在公司被人逼债之后，小李失去了工作，变成了没有任何收入的失业人员。就这样，一个上进的青年，因为赌博，彻底毁掉了前途，连他的亲人都被牵连其中。

这是一个典型的赌徒经历，赌徒们除了得到悲惨的结局之外，没有第二条路。赌博本身没有任何创造新价值的可能，只是庄家为了吸取赌徒血液设计的一场博弈游戏，谁参与谁输。无论赌徒赌多少次，钱的数量都不会增加，只是在博弈对手之间流动。

钱只有这么多，谁愿意输呢？你是这么想的，对方也是这么想的。那么，占据信息优势的一方，就会提高获胜的概率。那么，谁掌握了赌博中的信息优势呢？当然是庄家！无论是环境，还是博弈游戏中的每一个环节，都由庄家进行布置和设计的。可以说，所有的布置和设计，都是为了最终让赌徒输钱给庄家而准备的。

赌徒与庄家的差距，不仅仅体现在信息差距上，还有技术水平上的差距。赌场里的规则和赌具都是由庄家制定和准备的，其中包含了大量的门道，涉及概率、博弈等方面的知识。一般的赌徒无法掌握如此多的知识和技巧，即便凭借有限的经验和运气偶尔能赢，概率也非常低。

而且，庄家总是能够轻而易举地控制赌具、环境和博弈规则等多种因素，根本不可能让赌徒赢了钱走出赌场。赌徒的赢钱概率也是由庄家规定的，一开始让赌徒赢钱，只是以此作为诱饵以捕获更多的赌徒沉迷其中。总而言之，赌徒和庄家的实力是无法相提并论的，也不存在公平可言。

在日常生活中，该如何拒绝赌博的诱惑呢？

第一，摒弃侥幸心理。谨记赌博"十赌九输"的概率，摒弃侥幸心理。如果把赌博当作一场癌症，那么赌赢的概率就像癌症痊愈的概率一样低，全靠奇迹。若不想自己病入膏肓，就千万别沾染赌博这种恶习，谨记那些家破人亡的血泪教训，时刻保持理性。

第二，坚守底线，远离赌博。赌博是一场高风险的游戏，赌徒是一种高风险的人群，我们应该远离赌场、远离赌徒，从环境上杜绝赌博行为。在日常交往中，偶尔参与放松性的博弈游戏也要适可而止，坚守底线，切勿贪心侥幸，沉迷其中，酿成大祸。

28."博傻游戏"有其规则，别做最后的傻子

在博弈论中，有一个经典的博弈模型，叫博傻游戏，又称为郁金香效应，源自17世纪的郁金香投机事件。后来，人们用它来比喻失去理智的投机行为。下面，我们就来看一看这个经典的投机事件。

17世纪，荷兰市面上出现了郁金香新品种，花型独特，颜色鲜艳。一时间，这种新奇的花成为人们争相抢购的宠儿，甚至发展为贵族人士身份、地位和权力的象征。敏锐的商人察觉到商机，开始悄悄囤积郁金香，再转手高价卖出，成功掀起了一股投资购买郁金香的热潮。

很快，郁金香的价格达到了不可思议的程度。

疯狂的投资行为让人们完全失去了理智。有人为了保证自己手中的品种独一无二，竟花高价买下别人手中的名贵品种，然后将其毁弃。各行各业的投资者都放下了正在经营的业务，转而投身于郁金香的投资生意。

这种投机行为持续了多年。直到有一天，一个对郁金香行情一无所知的外国人将郁金香球茎当成了洋葱。

众人幡然醒悟！其实郁金香只是一种普通的植物，是疯狂的投机行为蒙蔽了他们的眼睛，使他们忽略了这种植物本来的价值。理智回归的人们开始大量抛售手中的郁金香，一时间郁金香价格暴跌，导致许多人倾家荡产。

这就是著名的郁金香效应，它是人类历史上有记载的最早的投机活动。人们怀着对财富的狂热追求，把本该平价的郁金香炒出天价，最终自食其果，得到了血的教训。

在当今的资本市场中，仍然有一部分人存在"买涨不买跌"的从众心理，愿意花高价购买远超其实际价值的商品，然后等待另一个"傻瓜"以更高的价格买下他手中的商品，这就是博傻游戏的基本操作。

在博傻理论中，投资者总是在寻找下一个"傻子"。只要你不是最后一个傻子，你就是赢家。问题是，谁愿意做最后一个傻子呢？是否有人比自己更傻，成为博弈输赢的关键。这种投机行为，最终会有人付出惨重的代价。

为了不成为最后一个傻子，我们应该在一开始就拒绝参与博傻游戏，不要被市场热潮冲昏头脑。只有这样，才能避免巨大的损失。那么，在博弈中，我们应该从哪些方面来抵抗博傻游戏的诱惑呢？

第一，不要盲目跟风。博傻游戏实际上是一种风险极高的博弈行为，它需要以高额的金钱作为代价，去获取未知的利益。从概率上讲，我们基本无法预估市场的走向。盲目跟风，只能被人牵着鼻子走，成为被收割的"韭菜"。

第二，坚定保本意识。博傻游戏源自人们对利益的巨大贪念，仿佛不跟风投资，就会错过几个亿似的。实际上，不投资，不买价格超过本身价值的商品，并没有损失什么，至少可以保本。而贪心的行为，往往不会得到预期的巨大收益，反而容易把自己推向破产的深渊。

29. 提防规律行为中隐含的陷阱

在两方博弈中，参与者总是企图摸清对方的行动规律，从而采取相应的策略，提高取胜的概率。然而，在博弈过程中，各方通常都保持理性。当我们试图摸清对方的规律时，敌方可能也知道我们的意图，因此故意释放虚假的信号来误导我们。

狡猾的猎人往往以猎物的身份出现。在博弈中，掌握对手的行动规律和真实信息固然是一个行之有效的办法，但需要警惕的是，那些故意暴露的规律中可能隐藏着巨大的陷阱。如果我们不仔细辨别，一不小心，就可能成为敌人的瓮中之鳖。

唐朝，在安禄山发起的安史之乱中，叛将令狐潮攻打雍丘城，名将张巡坚守城池。奈何寡不敌众，张巡及其部下被困城中，箭也射光了，情况危急。这时，张巡想起《三国演义》中"草船借箭"的故事，决定效仿。

张巡让部下用稻草做了一千多个草人，套上黑衣服，夜里用绳子把草人悬挂到城下。令狐潮的将士发现了草人，以为敌人夜间突围，于是万箭齐发，射向草人。等到叛军发现事情不对劲时，张巡已经和将士们提着扎满数十万支箭的草人，满载而归。

一连几天，张巡都用同样的方法，引敌人上钩，收获了大量用于作战的箭。直到有一天，叛军不再上当，有人开始嘲笑张巡："又来草人借箭吗？真寒酸！我们不借了！"于是，他们无动于衷，不再发箭，眼睁睁地看着张巡将士们的表演。

不料，就在敌军自以为摸清张巡的规律，识破对方的伎俩，开始放松警惕、麻痹大意的时候，张巡忽然派出五百名勇士，持刀攻打令狐潮的军营。毫无戒备的叛军如梦初醒，方寸大乱。他们不仅对准备充分的唐军毫无招架之力，甚至在夜里分不清敌我，乱杀一气，误伤同伴。最后，一盘散沙的叛军狼狈逃窜，张巡一方追杀十里，获胜而归。

在这个例子中，张巡利用了连环计。一开始，他确实是为了借用武器而用草人假扮士兵。后来他将计就计，故意让敌军识破"伎俩"，再攻其不备，展现出惊人的作战智慧。

叛军一方之所以损失惨重，最大的原因是分不清敌军的行为是"真规律"还是"假规律"，误把"假规律"当作"真规律"，最终落入对方的陷阱。

我们都听过"狼来了"的故事，在这则简单的寓言里，隐藏着博弈的智慧。

从前，有个放羊娃，天天上山放羊。一天，他觉得无聊，便对着山下大喊："狼来了！狼来了！大家快来救命啊！"父老乡亲们听到呼救声，扛着农具往山上赶，却没有看到狼。小孩哈哈大笑："你们上当了，我是闹着玩的！"

第二天，小孩故技重施，又成功把乡亲们骗上了山，然后继续哈哈大笑："你们又上当了。"乡亲们非常生气，转身跑下山去。

第三天，狼真的来了，它们扑向羊群。小孩非常害怕，大声呼救："救命啊！狼来了！狼真的来了！"然而，已经没有人相信他，都觉得他在说谎。最终，羊群成了狼的盘中餐。

在这则寓言中，人们只注意到小孩说了谎，酿成了悲剧。然而，并没有注意到，狼可能一直在和小孩博弈。小孩爱说谎，而且天天说，这个规律被狼摸清了。一直在暗中伺机而动的狼，等到小孩失去了乡亲们的信任和支持后，攻其不备，一招制胜，将小孩的羊变成了自己的猎物。

在两方博弈中，我们应该如何提防敌我双方的规律行为中所隐含的陷阱呢？

第一，谨慎言行，防止敌人摸清规律。身处博弈之中，自己的一言一行很可能会被对方观察记录。对于一些可能带来危险的习惯，应该摒弃。为了保护和隐藏自身的实力，在博弈中应当经常使用随机策略，避免被敌人看穿。

第二，识别真假规律，时刻保持警惕。在博弈中，麻痹大意是非常危险的。我们一方面要观察对方的真实规律，技巧性地进行试探，挖掘真实的信息；另一方面，要对敌人过于规律的行为保持警惕，时刻保持戒备状态。

第四章

理性竞争，摒弃两败俱伤的"对抗思维"

30. 正和、零和与负和博弈：怎样才算真的赢

在博弈论中，根据参与者的收益分配情况，博弈行为可分为三类：正和博弈、零和博弈和负和博弈。如何理解这三种博弈类型呢？简单来说，就是在博弈双方对抗的情况下，有打成平局、一方得益一方受损、两败俱伤这三种情况。

正和博弈，是指双方共赢的合作型博弈，双方达到了互惠互利的状态。无论是个人还是企业之间，如果参与博弈的双方或多方能够进行正和博弈，这将有利于个人或企业的生存与发展，也是非常值得我们支持和鼓励的一种博弈类型。

零和博弈是一种非合作博弈，参与博弈的各方处于完全对抗状态，各方参与者的收益相加，总和为零。在零和博弈的过程中，一方的胜利导致另一方的失败，双方处于"有你没我"的状态，竞争非常激烈。

负和博弈是非合作博弈中的一种，博弈各方处于完全对抗的状态，没有赢家，最终都会受损。一般来说，无论是在个人还是企业之间的博弈，都应避免负和博弈的状态，因为这种博弈对各方都没有任何好处。

为了更好地理解和区分这三种博弈类型，我们可以通过下面这则故事来进行分析和说明。

一天晚上，狐狸到井边散步，它看到井底倒映着月亮的影子，以为是一块大大的奶酪。为了吃到这块"奶酪"，狐狸跳到吊桶里，一直下到了井底。与此同时，另一只用绳子连着的吊桶，自动地升到了地面上。

下到井底之后，狐狸才明白，水里的月亮根本不是它以为的奶酪。狐

狸很沮丧，同时也意识到，如果没有一个"替死鬼"进入另一只吊桶，把自己升到地面上去，自己就只能在井底等死了。

它左等右等，终于等来了一只饥饿的狼，狼不断地向下张望。狐狸很高兴，对狼说："我有一大块奶酪吃不完，你坐着吊桶下到井底来，我和你分享大餐，怎么样？"狼很高兴，觉得有免费的大餐不吃就是傻子！于是它跳进了另一只吊桶，一下子到了井底。

这时，狐狸得救了，坐在那只吊桶里升到了地面上。而狼下到井底之后才发现自己上了当！井底根本没有奶酪，那只是狡猾的狐狸编织的一个美丽谎言而已！等待自己的，只有饿死的命运。

在这个故事中，狐狸与狼的博弈就是零和博弈。双方完全处于对抗状态，你死我活，狼与狐狸的收益之和为零。要么狐狸在地面，狼在井底饿死；要么狼在地面，狐狸在井底饿死。

这时，如何把零和博弈变成正和博弈呢？如果狐狸对狼有一定的了解和信任，知道狼会帮助自己，它可以请求狼把一块石头放进另一只吊桶，把自己救上来，并许诺给狼一笔报酬。这样一来，狐狸得救了，狼也得到了好处，实现了共赢，这就是正和博弈。

当然，如果狐狸愚蠢又歹毒，知道自己倒霉了，也看不得狼在地面上过着好日子，于是骗狼下到井底里来，而狼也愚蠢地相信了。结果可想而知，狼和狐狸都饿死在井底。这种两败俱伤的局面，就是负和博弈。

从这个故事中，我们可以详细地了解到正和博弈、零和博弈和负和博弈之间的区别。这三种博弈类型可以运用到生活的方方面面。当我们遇到问题和矛盾时，其实有多种解答方法。除了你死我活的激烈斗争或者同归于尽的悲剧，我们还可以选择合作共赢。

那么，我们如何在博弈中实现正和博弈呢？可以从以下两个方向去努力。

第一，打破僵局，向外寻求增量。当博弈双方或其中一方处于无法突破的状态时，可以请求另一方或第三方的支援。通过资源整合和共同升级等方法，形成共同利益的增量，而不是困在僵局中，进行封闭式竞争。

第二，善于交换利益，利人利己。在博弈中，若想与他人合作，就要做到利己先利人，舍得拿出自己的价值，与对方的价值交换，这样才能达到互惠互利的共赢状态。如果只考虑自己的利益，不愿意给别人分一杯羹，无异于将宽广的前路堵死了。

31. 打开格局，追求双赢或多赢

当今世界是一个讲究合作共赢的世界。如果在博弈中我们依旧因循守旧，只知道与竞争对手斗个你死我活，格局就小了，这样做也无法得到更多的利益和更好的成长。一个理性的博弈者需要与时俱进，打开格局，追求共赢或多赢的关系，实现共同利益最大化。

有一对夫妻，离婚后到法院进行财产分割。他们的共同财产包括：房子、存款、车子、电脑、首饰和收藏品。法官让他们对这6种物品进行轮流挑选。第一轮女士优先，第二轮男士优先，第三轮女士优先。

结果，在第一轮的挑选中，女士选择了房子。房子和存款的价值差不多，而女士是一名家庭主妇，她在房子里倾注了大量的心血。从装修到家具的挑选，家里几乎每一件事务，她都有深度参与。

而男士忙于挣钱，家里的大小事务都交由女主人处理。而且，他长期出差，一年365天，有200天是在酒店里度过的，他对房子的感情没有那么深。此外，他正处于创业的关键时期，需要大量的现金，因此他更需要存款。

正因为双方都了解彼此的需求和习惯，所以女士在选择房子之后，男士不仅没有反对，还高高兴兴地拿走了存款。

在第二轮选择中，男士优先。由于有了第一轮的友好分配，他也主动站在女士的角度，为她着想。

男士因为外出工作，喜欢开车代步，而女士很少出远门，不会开车，步行和公共交通已经能满足日常所需。因此，男士选择了车子，女士也没有反对，她领取了与车子价值差不多的收藏品。女士有收藏旧物的爱好，收藏品是她心头所爱。

到了第三轮选择，只剩下电脑和首饰了。女士喜欢戴首饰，但生活比较节俭。虽然她自己买了不少首饰，也有朋友和丈夫送给她的，但都不是什么值钱的首饰。所以，首饰的价值略低于家中的两台品牌电脑。

有了第二轮选择中男士的善解人意，女士在第三轮选择中也考虑到了男士的需求。考虑到工作需要使用电脑，一台放在家里，另一台带去出差，女士主动放弃了价值较高的电脑，而选择了自己喜欢的首饰。最终，两人没有发生争执，和平友好地完成了财产分割。

在这个例子中，尽管男士和女士最终走到了离婚的地步，但为了彼此的利益，他们在财产分割的过程中并没有撕破脸，而是充分考虑了对方的利益，同时也维护了自己的权益，从而实现了双赢。

假设两方都想为难对方，那么财产分割的过程就不会那么顺利了。比如，女方为了让男方难堪，明知道男方需要现金，她也可以选择要存款，而放弃自己喜欢的房子。这样一来，两人的情况就成了负和博弈，谁也没有得到自己最想要的。在离婚案件中，这样的例子很常见。

如果女士在第一轮选择中未能创造友好的共赢局面，则在第二轮选择中，男士也可能故意为难她，选择她喜欢的收藏品，而放弃自己喜欢的车子。如果在第二轮选择中，男士没有维护彼此利益的想法，则在第三轮选择中，可能会招致女士的报复。

可见，双赢或多赢的博弈关系是环环相扣、相互成全的，这样才能实现彼此利益的最大化。如果任何一方不配合，双赢或多赢的局面就会被打破。

有一个反面的例子，正好说明了不选择合作共赢的博弈参与者，可能会得到什么结果。

古时，有三个好朋友，经常聚在一起喝酒。那个时候，酒来之不易，不能放开量喝，于是他们约定，下次喝酒时，三人各自从家里带来一瓶酒，倒在大碗里共享。毕竟，一人承担三人的酒确实吃力，而各自喝各自的，也没有意思。

到了约定喝酒的那天，三人果然各自带了一瓶酒过来，倒在大碗里共享。然而，他们喝了一口后就明白，这大碗里全是白开水，没有一点儿酒味。尽管如此，他们还是一声不吭，愉快地把水喝完了。

这是为什么呢？因为他们三个人带的都是白开水！三个人都想占别人的便宜，想着自己带一瓶水，与其他两瓶酒兑在一起，喝起来也不会被发现。结果，三人都只能自食其果，把白开水当成酒喝了。

在这个例子中，如果他们带来三种不同风味的酒，喝起来味道肯定会美妙得多，同时三人的情谊也会得到巩固。下次，他们会有更好的饮酒体验，从而促成多赢的关系。

由此可见，如果在多方博弈中，每个人都只考虑自己的利益，而忽视他人的利益，结果很可能是负和博弈。只有端正态度，重视彼此间的利益和情谊，才有可能获得最大的收益。

那么，在日常生活中，我们如何促成双赢或多赢的博弈关系呢？

第一，考虑每个参与者的利益。双赢或多赢的博弈关系，不仅要考虑自身利益，也要考虑每一方合作伙伴的利益。只有这样，才能做到公平合理，使各方心服口服，从而做出最有利于集体利益的决策。

第二，愿意付出。多赢博弈的本质是所有参与者集体进行资源整合。如果其中一方不愿意付出，其他人自然不会甘心，要么将你踢出局，要么自己也采取不正当手段，以求心理平衡。

32. 从竞争到合作：动态博弈中的策略调整

在博弈中，没有永远的敌人，也没有永远的朋友。作为一个理性的博弈者，应当将利益放在首位，没有必要因为偏见或之前的竞争而拒绝合作。在博弈中，各方参与者之间的关系通常具有较强的互动性，处于不断变化的状态，而非始终稳定不变。

因此，我们应该随机应变，随着内外部环境的变化，调整我们与博弈对手的关系。今天双方是竞争关系，到了明天，就可能因为互相需要而转变成合作关系。下面这个例子，正好说明了化敌为友的必要性。

齐桓公即位以后，开始选拔人才，治理齐国。他想让鲍叔牙做宰相，因为鲍叔牙在辅助他争夺君位的过程中功劳最大，理应高升宰相。然而，鲍叔牙以能力不足为由推辞了，转而推荐管仲做宰相。

齐桓公很不高兴，因为在之前的斗争中，管仲曾是他的敌人，差点用箭射死他。当时齐桓公诈死，才保住了性命。这是曾想要自己性命的敌人，他怎么能任用对方为宰相呢？鲍叔牙欣赏管仲的才华，因此在齐桓公面前肯定了管仲各方面的能力，并声称，只有管仲能帮助齐国称霸天下，其他人没有这个本事。

经过鲍叔牙不厌其烦的劝说和介绍，齐桓公终于放下从前的恩怨，答应任用管仲为宰相。后来，管仲担任齐相后，不负众望，通过一番作为，使齐国成为春秋五霸之首。

在这个故事中，齐桓公和管仲曾经是敌对关系，双方之间的博弈是一种你死我活的对抗，属于非合作型的零和博弈。后来，为了共同的利益，

第四章 理性竞争，摒弃两败俱伤的"对抗思维"

齐桓公放下了从前的恩怨，与管仲形成了合作型的正和博弈关系。

正因为他们选择了合作，管仲得到了宰相之位和一生荣华富贵，可以尽情施展才华。而齐桓公也得到了出类拔萃的人才，管仲的存在稳固了他的君权，还帮助他将国家治理成当时一流的强国。两人在这场合作中，都赢得了巨大的利益。

如果两人选择成为零和博弈的竞争对手，会有什么结局？很可能，齐桓公一怒之下会把昔日的敌人杀死，从此失去了一位才能惊世绝俗的好宰相。而管仲失去的是他的性命，两人将陷入双输的局面。

越国有两位官员甲父史和公石师。两人各有所长，甲父史精通谋划，但欠缺执行力，办事不利索。公石师正好相反，他处事果断，却不善谋划，常常因为粗心大意出错。两人合作，取长补短，在事业上双剑合璧，无往不利。

后来，两人产生了分歧，不再一起做事，于是屡屡出错，办事很不顺利。密须奋对此感到非常惋惜。他劝两人和好，并用水里的动物比喻两人的关系："水母没有眼睛，靠虾来带路，虾则从水母那里得到食物，两者是互相依存的关系。寄生蟹把琐蛄的腹部当作巢穴，琐蛄靠寄生蟹觅食而生，两者谁也离不开谁。蟨鼠善于觅食但跑不快，邛邛岠虚跑得快但不擅长找吃的。邛邛岠虚靠蟨鼠提供食物，蟨鼠有危险时，靠邛邛岠虚背着自己逃跑，它们也是合作关系。西域有一种鸟，两个头共用一个身子，它们水火不容，饿的时候互相啄咬。一只鸟趁另一只鸟睡熟的时候，往对方嘴里塞毒草，结果两只鸟一起中毒身亡，它们无法从斗争中得到好处。"

两人经过劝解，重归于好，再次合作，事业又一帆风顺了。

从这个例子中，我们不难看出，无论是在动物世界还是在人类社会中，个体的能力总是非常有限的。与其互相竞争，不如资源共享，在合作中取长补短，实现彼此最大的利益。

在博弈中，我们应该如何调整策略，与对手进行理性的竞争与合作呢？

第一，看清局势，分析竞争或合作的好处。在博弈中，参与者是重竞争还是重合作，需要根据实际情况进行策略调整，不能一成不变。就像齐桓公与管仲，前期处于完全对立的竞争状态，基本不可能达成合作，只能拿出实力与之对弈。后来局势改变，合作比竞争能获得更多的好处，那么合作就是最优策略。

第二，包容合作伙伴，消除分歧。对于关系稳定的合作伙伴，应当包容，积极消除双方的分歧。尤其是取长补短型的合作伙伴，双方本来就存在很大的差异，切勿因为忌妒或偏见而因小失大，失去一个对自己帮助很大的合作伙伴。

33. 看透序列博弈的"先行者优势"

在博弈中，参与者在选择行动时可能有先后顺序，或者某些对局者可能率先行动，这种博弈被称为序列博弈。序列博弈是一种动态博弈，在博弈中，先行者可能占据一定的有利地位，我们称之为先行者优势。

如何理解序列博弈中的先行者优势呢？简单来说，就是"先下手为强"！在某些博弈环境中，与其坐以待毙，不如先发制人！"先发制人"是历代兵家常用的谋略之一。以下这个例子恰好说明了先行者的优势。

开学之初，大一新生中来了一个校花级别的漂亮女生小兰。一群男生对小兰十分喜爱，想要追求她，但看到她一副冷若冰霜的样子，都吓得退缩了。他们觉得时机还没有到，等到和她慢慢熟悉之后，再追求她也不迟。

因此，有些男同学选择成为她的同桌或前后桌，以为近水楼台先得月；有些男同学选择成为她的书友，和她讨论书中的内容，培养共同兴趣；更多的男同学选择成为她的普通朋友，和她谈天说地，拉近距离。

三个月后，小兰宣布自己有男朋友了，是开学第一天就勇敢追求她的学长小风。小风从见到她的第一面起，就明确表示对她一见钟情，继而对她展开了猛烈的追求。小兰认真思考了许久，觉得小风与周围的男同学比起来，条件虽不算特别优秀，但也不算差。

最大的区别在于，小风勇敢追求小兰，并且第一天见面就表达了对她的好感，这说明他对她的喜欢一定胜过其他男同学。随着两人长时间的相处，小兰也开始对小风产生了爱慕的感觉，而其他男同学还停留在普通朋友的阶段，感情并没有升温。于是，小兰决定接受小风的追求，成为他的女朋友。

知道真相的男同学们后悔莫及，纷纷表示，早知如此，应该早点追求小兰，或许小兰就会成为自己的女朋友。

在这个例子中，小风的条件和其他男同学差不多，他唯一的优势就是抢占了先机，比其他竞争对手更早走进了小兰的心里，所以他赢了。

在日常生活的竞争中，谁先下手，谁就能占得先机的例子比比皆是。无论是商家抢占新市场，还是普通人在工作或考试中面对的各种机会，先行动的那个人往往能够尝到甜头。

那么，在博弈中，我们如何抓紧机会，做一个先行者呢？

第一，遇到稀缺资源，一定要先行动。比如，上述例子中的校花小兰就是非常稀缺的择偶资源。像她这样的女孩非常受欢迎，只要是单身，身边都会围着一群追求者。如果男孩子有机会接近她，就应该勇敢出手。

第二，在察觉到危机时，要比对手先行动。虽然我们并不鼓励两败俱伤的负和博弈，但在生活中，仍然存在一些非常激烈的竞争。如果不得不进行较量，那就要比对手先出手，这样才能最大限度地保证自己的利益。

34. 解决"恐怖扣扳机"策略的弊端

"恐怖扣扳机"策略是指在两方博弈中，一方背叛了另一方，被背叛的一方在以后的每一次合作中都将对背叛方采取惩罚措施。这是博弈中的极端手段，旨在通过严厉的惩罚来逼迫对方遵守承诺或规则。下面我们通过一个例子来理解这个策略的要义。

20世纪80年代，世界著名的博弈论大师们聚集在一起，假设了囚徒困境的模型，进行了两场比赛，旨在测试大师们的博弈水平。有一位名为拉波波特的参赛者，竟然在两场比赛中都获得了冠军。

在比赛中，他采用了恐怖扣扳机策略。在第一轮博弈中，他与所有参与者进行合作。在随后的每次博弈中，如果对手选择合作，他就继续与之合作；相反，如果对手有一次选择背叛，他在之后的所有博弈中都选择背叛。

使用这个策略有利有弊。弊端在于，如果对手在第一次博弈时就选择了背叛，那么将对他造成很大的损失。但从总收益和平均值来看，他得到的收益比使用其他任何策略都要多。这个策略的好处在于，它对其他参与者产生了震慑效果，降低了被背叛的概率。

说白了，恐怖扣扳机的核心思想就是：一次不忠，百次不用！这也容易造成恶性循环，因为主动背叛的一方知道自己肯定会被报复，所以即使双方再次合作，对方仍然会选择背叛。

在日常生活中，恐吓和威胁的策略随处可见。那么，我们什么时候该使用这种策略，什么时候不该使用这种策略呢？这取决于对方所犯错误的

博弈智慧
权衡利弊，追求最优结果的一门学问

严重性。

小青和小明经过几年的爱情长跑，终于步入了婚姻。结婚后，他们十分恩爱，几乎是熟人圈里的模范夫妻。然而，天有不测风云。在小青生下双胞胎之后，小明对这段婚姻的稳定性十分放心，逐渐减少了对家庭的付出，把更多的精力放在了工作上。

小青非常理解丈夫的行为。她主动放弃了升职的机会，减少了在工作上的精力投入，把更多的时间花在家庭经营上，并且也减少了自己对小明在情感上的依赖，让他有更多的时间去忙事业。

如此过了几年，小明变得越来越麻痹大意，对家庭的投入也越来越少。他有了更多的时间去社交，认识新的女性。在一次醉酒后，小明没能抵挡住诱惑，与一名女性发生了关系。这件事被小青发现后，小青立即提出了离婚。

小明非常困惑，他和小青多年的感情，怎么会因为他的一次出轨而离婚呢？他多次努力挽回，始终未能如愿，最后不得不同意离婚。在离婚的财产分配和孩子抚养权的争夺中，小青分毫不让，表现出的强势作风与婚姻中的宽容大度截然不同。

在这个例子中，小青采取的是恐怖扣扳机策略。小明在婚姻中遵守承诺时，她表现出极大的合作和宽容，在利益上也愿意多次让步。然而，一旦小明开始背叛婚姻，小青则不再给小明任何合作的机会。小青的策略杜绝了小明再次出轨的可能，但也因此失去了这段婚姻。

在现实生活的博弈中，我们应该如何正确地使用和看待恐怖扣扳机策略，既能享受其带来的好处，又能避免过度使用而造成的弊端呢？

第一，衡量对方背叛造成的损失。如果损失惨重，那么与对方合作的价值已经非常低，如果不给对方严厉的惩罚，根本起不到警示作用。如果背叛造成的损失较少，可以适当给予对方警告，再给一次机会。

第二，衡量对方的背叛是否故意。可以通过试探了解对方违约的原因，是恶意背叛、粗心大意，还是因为不可抗力因素造成的损失。如果对方态度端正，也可以根据情况给予宽恕。

第三，预测未来的利益交集。是否使用恐怖扣扳机策略，取决于双方未来是否还有利益交集。如果预判到双方还存在共同利益，可以给予宽恕；如果有弊无利，则果断采取惩罚措施。

35. 找到博弈中的"帕累托最优"了吗

所谓"帕累托最优",就是指资源分配的一种理想状态。也就是说,这样的分配策略对于这群人来说,已经是最优策略,没有可以改进的余地,没有任何一种策略能够比这种策略让大家得到更多的好处。

一个母亲带回家一个橙子,家里有两个孩子。这个时候,如何分这个橙子就成了母亲的难题。她询问两个孩子的意见,了解他们打算如何吃这个橙子。一个孩子说,想把橙子皮剥掉,只要果肉,用来榨果汁喝。另一个孩子说,想扔掉果肉,只要橙子皮做蛋糕。

母亲听完两个孩子的需求后,开始分橙子。她将果肉和果皮分开,把果肉分给想榨果汁的孩子,把果皮分给想用橙子皮做蛋糕的孩子。于是,两个孩子开心地接受了这个分配,都觉得自己得到了最大的好处。

母亲这样分配橙子,就达到了帕累托最优。如果她采取另外一种策略,把橙子切成两半,一个孩子得到一半的橙子,结果会怎么样呢?想榨果汁的孩子只能得到半个橙子的果肉,他会把橙子皮剥掉,扔进垃圾箱。想做橙子皮蛋糕的孩子也只能得到半个橙子的皮,果肉会被他扔进垃圾箱。

所以,一人切一半的分橙子方法,看起来公平,却造成了资源的浪费,至少要浪费掉半个橙子。这意味着,两个孩子分到的橙子都会少一半。这样的分配无法达到帕累托最优。

由此可见,帕累托最优的资源分配法不仅要讲究表面上的公平,更应该考虑每个参与者的需求,这样才能让每个参与者得到独属于他的那份最大利益,也可以大大避免资源的浪费。

在这个例子中,母亲的分配方法之所以能够达到帕累托最优,是因为她与两个孩子进行了沟通和协调,深刻了解了两个孩子的需求。如果没有母亲作为沟通的桥梁,那么两个孩子就需要互相沟通协调,甚至需要彼此合作,才能合理地分配这个橙子。

生活中的资源分配博弈,往往因为双方或多方之间没有进行足够的沟通,从而出现错配、分配不公等局面。如果在博弈中不沟通、不协调、不合作,那么根本无法了解每个个体的不同需求。

一群男女同学外出郊游野炊,需要在外面寻找食物。旅游的地点有果树和小河,树上有野果,河里有小鱼。这时,男女同学应该怎么做,才能达到帕累托最优呢?

假如男女同学都去摘野果,那么他们只能吃到野果。而且,女同学不善于爬树,只能负责在树下捡果子,这样他们得到的野果也不会太多。如果男女同学一起去捉鱼,没有人去摘野果,那么他们只能吃到鱼。

经过商量后,男同学去爬树摘野果,女同学下水摸鱼,这就是最好的行动方案。这样一来,大家都能吃到野果和鱼,并且能够获得最多的野果和鱼,每个人都得到了最大的利益,达到了帕累托最优。

这个简单的例子正好说明了,当一群人在一起猎取资源时,需要根据每个人或每几个人的优势进行分工合作,各自从事自己擅长的事情,才能实现彼此的最大利益。

简单来说,帕累托最优符合最大多数人的最大福利,除此之外,还需要同时满足以下三个条件。

第一,资源交换最优。帕累托最优是指,除了这种分配方案,已经没有更好的方案能够实现群体中最多人各自得到的最大利益。再反复交换,也不能超出这种性价比。

第二，资源产出最优。在这个集体中，只有采取这样的策略，才能保证大家创造出最大量、最优质的资源或产品。

第三，资源组合最优。这样的资源组合或产品组合，是最受大家欢迎的，通常也是最为多样化和最有价值的。

36. 在对立中找到统一的点

在博弈中，即便双方处于对立关系，为了实现共同利益，有时也需要化干戈为玉帛。如何将对立关系转变为合作关系，关键在于找到双方都在乎的利益点。在竞合博弈中，竞争和对抗是常见的，甚至参与者会为了各自的利益，纷争不断，打得头破血流。

然而，不可否认的是，在对立的关系中，仍然可以找到各方的统一点和共同点。对手也可以成为合作者，在充满对抗和冲突的博弈中，也存在利益上的平衡。无论在历史上，还是在现实生活中，"不打不相识"的例子屡见不鲜。

在《水浒传》中，描写了这样一段有趣的故事：宋江、戴宗和李逵一起在酒馆里喝酒。其间，宋江想喝新鲜的鱼汤，但店里却没有新鲜的鱼，于是李逵去渔船上买鱼。

李逵来到江边，对渔人喊道："把你们船上的活鱼给我两条！"一个渔人告诉他，鱼牙主人不来，他们不敢开舱。李逵于是自己动手，粗手粗脚地把一船鱼放跑了。几十个渔人被他惹怒，抓起竹篙要打他。不料，他一下折断了五六条竹篙。

这时，鱼牙主人张顺来了，看到李逵打人，便教训他。张顺在陆上不是李逵的对手，便将李逵诱到船上，再晃入水中。李逵因为不熟习水性，不是张顺的对手，被按在水里吃了大亏。最终在戴宗和宋江的调解下，张顺放了李逵，并救他上岸。

张顺认识戴宗，并且仰慕宋江，因此与李逵和解。

在这个故事中，张顺和李逵本来是对立冲突的关系，但因为两人都认识戴宗和宋江，因此化敌为友。他们俩拥有共同的朋友和偶像，所以一下子亲近起来，成了志同道合的好朋友。

由此可见，原本处于激烈竞争状态的个人或组织，一旦发现共同的利益、偏好和理想，达成合作和成为友军的可能性就比较大。反过来讲，当我们想要与竞争对手达成合作，只要找到各方共同的利益点，就容易多了。

春秋时期，各个诸侯国纷争不断。有的国家实力弱小，为了自保，他们或联合起来对抗强大的国家，或依附于一个大国。经过一系列的吞并与反吞并，进入战国时期，七雄开始逐鹿中原。

大国依然想吞并小国，或继续削弱小国的实力。小国为求生存被迫应对。由此形成了"合众弱以攻一强"的合纵策略和"事一强以攻众弱"的连横策略。秦相张仪劝说魏国等小国与秦国连横，苏秦等人组织合纵联盟与秦国对抗。

在这个例子中，无论是合纵策略，还是连横策略，都是两国或多国联合起来对抗敌国。他们的共同利益点是对抗敌国，保存自身实力。其实，这些联盟国家之间，曾经也互相对抗和竞争。现在，他们为了一个共同的目标联合在一起，形成了统一战线，各方都能从中获得利益。

因此，在博弈中不要只想着与对手竞争，而应换个思考方向，在矛盾和冲突中彼此合作，找到共同的利益，实现共赢。那么，我们应该如何与竞争者合作呢？

第一，明确双方的利益点。既然共同利益是双方或多方突破竞争僵局的出发点，那么我们就应该明确地提出来，并共同维护与争取。

第二，明确合作范围。双方或多方之间的联盟，应明确合作的范围，详细列举彼此的权利和义务，形成契约。这样才能避免在合作过程中产生纷争，确保问题得到解决。

37. 猎鹿博弈，合作能够放大彼此的利益

当今社会，大家都提倡合作共赢。一个人孤身奋斗，往往成果有限。而一群人集体努力，人多力量大，通常会取得更辉煌的成绩。比如，一个公司要发展壮大，就需要与各种各样的人才合作，不能仅靠老板一个人单打独斗。

博弈论中的猎鹿模型恰好说明了合作的重要性。什么是猎鹿博弈呢？这个理论源自法国启蒙思想家卢梭的著作《论人类不平等的起源和基础》中的一个故事。

有两个猎人一起去林中狩猎。林中有鹿和兔子，鹿高大，肉多，但靠一个人的力量抓不住。兔子很小，相对容易抓到，只需要一个人的力量就可以抓住。

一个猎人一天最多能抓到4只兔子，这些兔子只够一个人吃4天；一只鹿足够两个人吃10天。在这种情况下，两个猎人可以做出以下4种选择。

（1）如果两个猎人同时去捉兔子，则两个猎人都能吃饱4天。

（2）如果1号猎人去抓兔子，2号猎人去抓鹿，则1号猎人可以吃饱4天，而2号猎人则会饿肚子，因为凭他一个人的力量抓不到鹿。

（3）如果2号猎人去抓兔子，而1号猎人去抓鹿，则2号猎人可以吃饱4天，1号猎人则会饿肚子。

（4）如果两个猎人一起合作去抓鹿，然后把鹿肉分了，则两人可以吃饱10天。

在这4种选择中，最后一种无疑是最佳策略，双方都得到了最大的利

益。由此可见，只有两个人合作，才能共同实现利益最大化。

第一种选择是各自单打独斗，自负盈亏，选择难度较小的猎物去攻克。双方都得到较少的利益，这是一种中等策略。

第二种和第三种策略，双方的收益之和最少，是下等策略，应该尽量避免。

在中国历史上，就有不少名人合作共赢的例子。

古时，有个商人叫吕不韦。一次偶然的机会，他结识了秦国的公子异人。当时异人是个穷困潦倒的人，一般人不会觉得这样的人有什么结交的价值。吕不韦则不同，他一眼看出异人能够和自己合作，干成一桩大事。

于是，他主动去拜见异人，为对方解忧，并表示可以提升异人的地位。异人只觉得这个人在吹牛，因此并没有把吕不韦的话当真。吕不韦十分直白地告诉异人，自己也想提高地位，并说出了自己的周密计划：愿意拿出自己的财富拉拢华阳夫人的姐姐，让她帮忙，通过华阳夫人，劝说太子立异人为继承人。

异人听完这个计划，觉得成功的概率很大。承诺如果计划成功，愿意分割秦国，与他共享。

后来，在吕不韦的帮助下，子楚（异人被华阳夫人收为养子，改名子楚）果然继承了秦国的王位。子楚兑现诺言，把吕不韦封为相邦，共享秦国的权力。

在这个例子中，吕不韦有钱，子楚有王室血脉，两人资源共享，实现了利益的最大化。如果吕不韦不与子楚合作，他只是一个商人，再有钱也不能享受王室的权力。如果子楚不与吕不韦合作，他永远只是一个穷困潦倒的公子，无法继承王位。

所以说，两人单打独斗的收益，没有合作共赢的收益大。可见，子楚和吕不韦，都是懂得博弈智慧的聪明人。

不过，在使用猎鹿博弈理论的过程中，也需要注意以下两个问题。

第一，严格筛选合作伙伴，考察对方的人品和处事方式。这一步是双方合作能够顺利进行的基础。如果对方人品口碑极差、信用欠缺,则中途背叛、不愿长期合作的概率较大,无形中增加了合作的风险。到那时,不仅无法实现共赢,反而会被对方拖累。

第二,在合作之前,应该商量好双方的付出额度和收益分配,确保双方都能获得一个相对公平的结果。比如,故事中的两个猎人一起去猎鹿,必须付出大致相等的努力,才能顺利抓到鹿。

如果一方不肯出力,一味偷懒,最终会影响双方的利益。付出较多的一方,肯定会感到心理不平衡。同时,双方的资源和力量总和不足,未必能够成功抓到"鹿"。

除了双方出力要尽可能公平,在利益的分配上,也应该遵循公平原则。少出力者,则少分配利益;多出力、多出资源者,则多分配利益。

38. 鹰鸽博弈：冲突双方也能和平共处

生活处处充满了竞争和博弈。当实力较弱的一方遇到实力较强的一方时，该选择什么策略？是使尽全力与对方拼搏，还是避开锋芒，保存自己？鹰鸽博弈模型可以给我们提供一些思路。

鹰鸽博弈是英国生物学家约翰·梅纳德·史密斯提出的博弈模型，它展示了在资源有限的情况下，鹰与鸽子两个不同物种如何竞争与共存的现象。在鹰鸽博弈的场景中，鹰作为激进的竞争者，为了追求利益最大化，总是表现出强势的一面，制造冲突抢夺资源；鸽子作为温和的合作者，习惯用协商以及互助的方式来解决问题。

鹰鸽博弈的规则很简单：当两个参与者争夺有限的资源，比如食物或领地时，每个参与者都有两种策略可供选择，即代表强势的鹰策略或代表温和的鸽策略。如果双方硬碰硬，则会发生激烈的冲突，结果将是两败俱伤；如果一方强势而另一方温和，那么强势的一方将抢到全部资源，温和的一方将一无所有；如果双方都选择温和策略，那么他们将和平共处，共享资源。

关于策略的选择，没有对错优劣之分，更多的是智慧的较量。双方应根据当时的情况和对手的策略灵活选择自己的行动方案，以求在博弈中抢占优势。化解冲突，和谐合作，实现共赢，比起一味地竞争，通常是更为明智的选择。

一个牧场主以养羊为业。他的邻居是个猎户，养了不少凶猛的猎狗，关在家中的院子里。猎狗非常不安分，经常跳过院子篱笆，袭击隔壁家的小羊羔。牧场主多次提醒猎户把自己的狗看好，猎户嘴上答应，却没有行动。

没过多久，猎户家的狗跳进牧场里，凶狠地咬伤了几只小羊。牧场主很生气，找到法官为自己做主。法官语重心长地对他说："我可以处罚那个猎户，勒令他把猎狗关起来，只是这样一来，你和邻居的矛盾就更深了。"

牧场主很无奈，表示他也不想和邻居闹矛盾，但不知道该如何解决问题。法官在他耳边说了一个方法，然后拍拍胸脯，神秘地说："你按照这个方法去做，保证你的问题解决了，也不伤和气。"

回到家后，牧场主按照法官说的方法，挑了3只可爱的小羊羔，送给了猎户的3个孩子。孩子们非常喜欢那几只小羊羔，天天在院子里遛小羊羔。猎户担心猎狗们伤害孩子的小羊羔，只好拿来一只大铁笼，把猎狗们关起来。

从此，牧场主家的羊群再也没有受到猎狗的骚扰，两家人也一直和平相处。

在这个故事中，猎户的作风就像一只强势的鹰，放任自家的猎狗一而再再而三地侵犯牧场主的领地和羊群。而牧场主的作风则像一只温和的鸽子，规劝多次无效后，并没有直接上门与猎户争吵，而是寻求法官的帮助。

在得到法官的提醒后，牧场主牺牲了3只小羊，换来了与邻居的和平共处，实际上是以小换大。牧场主一直使用的是鸽策略，而猎户一开始使用的是鹰策略，后来在得到牧场主的馈赠后，为了不让自己的猎狗糟蹋邻居送来的小羊，转而使用了鸽策略，把猎狗关了起来。

由此可见，无论是"鹰"还是"鸽"，只要想化干戈为玉帛，总是能找到解决问题的办法。没有必要为了小矛盾进行恶性竞争，像鸽子一样和平共处，才能在博弈中达成双赢的局面。

那么，在日常生活中，我们应该如何利用鹰鸽策略进行博弈呢？

第一，尽量和平共处，但不能一味忍让。我们可以像鸽子一样，在大多数情况下与人和平共处，但也不能一味忍让，任由对方占据我们的资源和领地，而是需要用行之有效的办法去解决问题。

第二，做一只收敛锋芒的鹰。当我们拥有鹰的实力时，也不需要时刻进攻他人的领域，而是要保持安全界限，善于结交，多用鸽的策略，争取更多利益。

39. 分蛋糕博弈：分享比独享更显力量

在日常生活中，人们常常追求公平原则，却很难做到真正的公平。无论是家庭成员之间的利益分配，还是企业、国家之间的合作与博弈，都会涉及利益分配是否公平的问题。

如何才能做到相对公平呢？博弈论中有一个分蛋糕的模型，能够有效地解决这个问题。

在一个家庭中，如果有两个孩子需要分一个蛋糕，那么很容易出现分得不均匀的情况。因为每个孩子都想要较大的一块，不愿拿到较小的一块。

为保证两块蛋糕大小相等，母亲想到了一个两全其美的办法，让两个小孩都参与切蛋糕。无论是谁切蛋糕，他都是后一个拿蛋糕的人。而不切蛋糕的人，会有优先挑选蛋糕的权利。由于人性使然，先挑蛋糕的人当然会选大的一块。

如果切蛋糕的人分得不均匀，他只能拿到较小的那一块。为了保证自己的利益不受损，他必须尽可能地将蛋糕分得均匀。当然，如果他切蛋糕的手艺不好，也只能自己吃亏，怪不了别人。

如果两个孩子都不愿意切蛋糕，那么整个蛋糕会随着时间的流逝而融化、变质，谁也吃不到。因此，为了保证双方的利益，必须有一个孩子站出来切蛋糕。这时候，有能力把蛋糕切好的人，就成了最佳人选。

如果两个孩子都不会切蛋糕，只能随机让其中一个上去切蛋糕，大概率有一个人要吃亏。这时，吃亏的那个人要么苦练技艺，要么把担子分给另一个人，让对方也苦练技艺，双方一起成长。要么让旁观者，比如妈妈，过来帮忙切蛋糕。当妈妈参与切蛋糕时，就要多分一份蛋糕了。

总之，为了保证双方或多方的利益能够公平分配，他们要么自己努力，完善切蛋糕的技艺，要么让渡一部分利益或选择权给他人。

在这个分蛋糕的博弈模型中，我们不难理解，切蛋糕代表了日常生活中的利益分配规则或制度，而切蛋糕的人就是执行规则、制度的人，提出切蛋糕这种方法的妈妈是制定规则的人。

当然，现实生活中的利益分配要比切蛋糕复杂得多，这就需要我们灵活运用这条经典的博弈理论来解决生活中的难题。

古今中外，人们为了追求公平公正，想出了不少办法。

唐高宗李治时期，有一位名叫张公艺的族长，善于治理家务，使家族繁荣，人丁兴旺，族人达九百多人。

为了学习这位族长的治家之术，唐高宗微服去张公艺家里拜访。张族长二话不说，把皇帝带到狗窝前，观察狗狗吃饭。就在唐高宗感到莫名其妙的时候，令他震撼的一幕发生了！

原来，张家的狗狗们，无论先来还是后到，都要等待所有狗狗到齐之后，才一起开饭。试想，一群家犬都如此训练有素，没有一只会多吃一口或先吃一口，张家的人就更不用说了，只会更加遵守公平公正的家风。

皇帝有心要考验这位族长，他给张公艺两个梨，让他分给全族九百多人一起吃。人多梨少，如何保证公平公正地分配呢？

张公艺想到了一条妙计，他让厨师把梨子做成了一大锅梨汤，分到每个人的碗中，再一起进食。这就保证了大家都同时尝到了梨子的味道，谁也没有多占，谁也没有特权先尝过味道再轮到别人。这种公平公正的做法，避免了家族成员之间的忌妒和内斗。

不得不说，张公艺是一个充满智慧的老人。他不让任何一个人独享利益，而是将利益平均分配到每个人手中。这样的做法不仅促进了家庭成员之间的和谐，也促进了社会成员之间的和谐。

在许多情况下,分享比独享更符合彼此的利益。如果一群人各自拥有不同的资源,互相交换、分享给大家之后,所有人都能享受到多种资源的好处。如果每个人都只独占自己那份资源,那么每个人手中就只有一种资源。

当然,在应用分蛋糕博弈论的过程中,也有需要注意的地方。

第一,分蛋糕具有时效性,要抓住机会,降低等待的时间成本。如果有人犹豫不决,迟迟没有参与利益的分配,可能导致的后果是大家最后连一口汤也喝不上。毕竟蛋糕会变质,也可能被其他竞争者瓜分。因此,参与者必须迅速做出决策。

第二,大家对公平的定义并不相同,当双方争执不下时,可以取一个中间值。就像商业谈判或购买货物时的讨价还价一样,商议出一个双方或多方都能接受的方案。也就是说,在分蛋糕的过程中,当第一刀切下去,有人不满意时,还可以再切一刀,少补多退,多次分割,直到大家都满意为止。

40. 追求"重复博弈",谢绝"一锤子买卖"

在博弈论中,根据博弈的次数,可以分为一次性博弈和重复博弈。在充满陌生人的环境中,我们通常采用的是一次性博弈,而在熟人社会中,我们通常采用的是重复博弈。在大多数情况下,我们都需要与同一方对手进行重复博弈。

所谓重复博弈,是指同样结构多次进行的博弈,其中的每次博弈都是一个博弈阶段。重复博弈与一次性博弈相比,具有一定的优势,有利于建立信任,保持长期合作,获得长期收益,并最大限度地避免了背叛的风险。因此,我们应该尽量避免一锤子买卖。

项羽的叔叔项伯和刘邦的谋臣张良是生死之交。项羽打算杀刘邦,项伯匆忙向张良通风报信,劝他逃走,不要和刘邦一起送死。不料,张良忠于刘邦,不肯逃跑,还把这个消息告诉了刘邦,让刘邦见项伯,策反他为自己所用。

刘邦听到消息后震惊不已,迅速与张良商议制定了服软示弱的计策,并通过张良得知项伯的年龄,要将项伯当作兄长般尊敬对待。项伯是偷偷来见张良的,自然不愿见刘邦,但经不住张良的软磨硬泡,最终还是见了刘邦。

刘邦隆重地接待了项伯,与他称兄道弟,两人在酒桌上把酒言欢,还结成了亲家。结亲之后,双方的关系变得非常亲近。在这次宴席上,刘邦成功策反了项伯,使他为自己所用。除了结亲,刘邦还赠送了项伯许多金银财宝。

关系拉近之后，刘邦向项伯诉苦，说自己对项羽十分忠心。项伯大为感动，决定为刘邦说情。回到项营后，项伯劝项羽善待刘邦，项羽答应了。

鸿门宴上，范增让项庄舞剑，找机会杀刘邦，项伯立刻起身对舞，用身体护住刘邦，让刘邦成功躲过了这场危险。项伯如此舍身保护刘邦，肯定不是一顿酒和一点儿金银财宝可以收买的，最核心的盟约，是两人结成了亲家，且项伯感受到刘邦在用真心对待自己。

刘邦与项伯结盟合作，目的非常明确，为的是自身利益。但他舍得付出，敢于与项伯结亲交心，擅长人情世故，即便项伯知道他的用意，也愿意与他结成长期的联盟。刘邦与项伯的博弈，是重复博弈，可见刘邦是一个善于谋略的人。

如果他用一锤子买卖打发项伯，项伯未必会被他打动。即便一时被他的花言巧语或利益所诱惑，也只是帮他一次，不会有长远的合作。在以后的战役中，项伯也不会成为刘邦安插在项羽身边的"间谍"了。

一个青年到动物园应聘工作，工作内容是照顾大象。招聘者告诉青年："我要对你进行一个测试，你要让大象先摇头，再点头，最后跳入水池中！"

青年走到水池边，对大象说："你认识我吗？"大象连忙摇头。接着，青年又问："你的脾气大吗？"大象点点头。这时，青年忽然拿出一根针，对着大象的屁股用力刺了进去！大象惨叫一声，跳进了水池中！

青年顺利通过了测试，但面试官很不高兴，认为他缺乏爱心。青年立即认错，并请求面试官再给他一次机会。面试官答应了，让他第二天再来接受测试，但这次不能再伤害大象。

第二天，青年如约来到了动物园，进行第二次测试。这次面试官稍微改变了规则，让青年想办法使大象先点头，再摇头，然后跳入水池。

青年胸有成竹地走到大象身边，问道："你还认识我吗？"大象害怕地点点头。青年又问："你的脾气还大吗？"大象害怕地摇摇头。最后，青年说："那你现在应该懂得怎么做了吧？"大象毫不犹豫地跳进了水池中。

在这个故事中，青年和大象的博弈是一种重复博弈。青年通过惩罚大象，使其害怕自己，听从自己的指令，按照自己的期望行动。大象在第二次与青年的博弈过程中，选择了合作策略，这是基于对第一次博弈的判断。它意识到，只有合作才能避免惩罚。

当然，在实际博弈过程中，我们通常不会在第一次交手时就采取惩罚措施，因为这样很难与对方建立合作关系，更难以维持重复博弈，毕竟人不是大象。然而，在重复博弈的过程中，如果对方采取背叛策略，适当的惩罚会让对方记住教训。

那么，我们在进行重复博弈时，还需要注意哪些事项呢？

第一，营造可靠的预期。要让对方相信，这不是一次性的博弈，而是长期的合作，就要给对方建立一些可靠的预期，彻底打消对方的戒备心。比如，适当让利，或者确保与对方交换的事物保质保量，诚信待人。

第二，防人之心不可无。虽然我们走的是重复博弈的路线，但由于人性的自私，即便在重复博弈的过程中，仍然有人可能在合作中作弊，这时就需要提高警惕并采取措施，适当地给予对方警告和惩罚，以促使其端正态度。情节严重时，应终止合作。

41. 建立信任机制，做出有效承诺

在长期博弈中，与合作者建立信任机制是必不可少的。合作关系的破裂，往往是因为缺乏信任。如果双方互不信任，就会出现这样的博弈思维：我不相信你能长期遵守承诺，既然你肯定会背叛我，那还不如我先背叛你。这样导致的结果，往往是双输，博弈双方都陷入背叛的困境中。

如果我们成功地建立了信任机制，完全不担心对方会背叛自己，那么双方就会形成良好的合作循环，共同维护彼此的长期利益。古往今来，成就大事的人，通常会首先树立诚信的形象。以下这个例子，正好说明了诚信的重要性。

商鞅是战国时期的政治家、改革家。秦孝公任命他为宰相，希望通过变法改革来促进国家的繁荣昌盛。他花费了大量时间，终于准备好了变法的内容。在公布之前，他担心百姓不相信他，于是想出了一个办法：徙木立信。

他在国都市场南门竖起了一根三丈高的木头，并在旁边贴了一个告示：谁能把木头搬到北门，就赏赐给他十金。百姓们觉得很稀奇，但又不敢动那根木头，还有人表示不相信有这样的好事。

直到商鞅把赏金提高到五十金，终于有人抵挡不住诱惑，把木头搬到了北门，商鞅当即给了那人五十金。商鞅说到做到，这件事很快传开了，大家都相信他是个言出必行的人。

看到时机成熟，商鞅开始颁布新法。新法在民间施行一年之后，还有很多人说，新法使人生活不方便。就在这时，太子触犯了新法。商鞅

说："新法不能顺利推行，是因为上层人触犯它，不把它当一回事。"

于是，商鞅按照新法处罚太子。然而，太子是国君的继承人，不便直接用刑，因此商鞅让监督太子的老师公子虔和给太子传授知识的老师公孙贾受刑。如此一来，太子虽然没有直接受刑，也不敢轻易触犯新法了。这个消息传开后，秦国的老百姓知道贵为太子也不能免于处罚，于是老老实实地执行新法。

新法施行十年之后，秦国百姓都欣然接受了它。因为国家开始变得繁荣，路上没有人捡到别人的东西就据为己有，山里也没有人偷窃，家家户户都过上了好日子。人民也变得勇敢，心甘情愿为国家效力，不再为私利争斗，无论是乡村还是城镇，都保持着安定的秩序，人民真正体会到了新法带来的好处。

这个故事告诉我们，建立信任机制在博弈中的重要性。商鞅徙木立信的做法虽然简单，但却是一种行之有效的立信手段，这为他推行新法凝聚了民心，奠定了日后与民众长期合作与博弈的基础。

在实行新法的过程中，他不断地强化这种信任机制，通过惩罚太子等一系列言出必行的行动，巩固了自己的威信。

李强是一位年轻的创业者，公司规模很小，员工不到10人。为了吸引人才并提高员工的积极性，李强承诺拿出每位员工年度业绩的10%作为年终奖。起初，员工们都不相信，以为他在画大饼。

直到他吩咐助理将这个奖励措施写入书面合同，并与每一位员工签订了白纸黑字的契约，大部分员工才开始相信他的话，并努力工作，争取年终拿到大奖。不过，还有一小部分员工对此将信将疑，虽然工作积极性有所提高，但仍未全力以赴。

到了年底，李强信守承诺，按照合同约定，将年终奖发放到员工们的卡里，众人一片欢呼！越努力工作的人，得到的奖金越多。没有拼尽全力的人，后悔莫及。不过，他们已经下定决心，在新的一年里一定要为公司鞠躬尽瘁。

当然，公司方面也没有亏损，因为公司的业绩因此翻了好几倍。发给员工的年终奖，与公司的盈利相比，只占了很小的部分。

在这个例子中，李强利用年终奖的承诺，与员工建立了有效的信任机制，最终达到了双赢的局面。老板和员工既是合作关系，也是博弈关系，双方用诚信和契约巩固了长期而稳定的合作关系。

在博弈中，我们应该如何与合作者建立信任机制，做出有效承诺呢？

第一，不要依赖口头承诺。一言既出，驷马难追。作为主动承诺的一方，不要轻易做出口头承诺，没有书面契约的承诺说多了，只会让人误会你信口开河。作为听取承诺的一方，也不要将口头承诺当作正式承诺。

第二，不要违约。建立书面契约之后，双方都应当认真执行，这是信任的基础。违约行为会摧毁双方的信任，损害自己的名声，得不偿失。

第三，发生意外时要尽快补救。若合同因不可抗力因素无法及时执行，必须及时采取补救措施，尽量寻找替代方案，必要时给予对方适当的补偿。

第五章

抓住机遇，跟随战术制造博弈优势

42. 博弈要把握一切可以利用的机会

机会转瞬即逝。如果我们在博弈中不懂得抓住一切可以利用的机会，那么无论是对当下的收益还是对长期的收益来说，都可能是一次重大的损失。机会有大有小，小机会可以让我们获得短期收益，而重大机遇则可能会影响我们漫长的一生。

有一位农夫，种植了一片水稻。他每日辛苦劳作，仔细观察着水稻的生长情况，甚至每天都做了详细的记录，以积累种植经验。几个月后，稻子终于成熟了，一片金黄的稻穗压弯了禾苗。农夫摸着下巴，露出喜悦的微笑："今年真是大丰收啊！"

农夫想着稻子已经成熟，不需要打理了，于是忙其他事情去了，打算过几天再收割。没想到几天之后，忽然刮风下雨，持续了一周。等到晴天到来，农夫拿着镰刀准备收割稻子。没想到此时稻子已经倒伏，浸泡在积水里，全部发芽了！

辛苦几个月的心血，因为一场风雨，毁于一旦！农夫伤心欲绝，却也无可奈何。从此他知道，收割农作物才是一年中最重要的事情，切勿错过大丰收的重要时机！

从这个故事中，我们可以明白一个道理：时机不等人！我们辛辛苦苦努力，也需要抓紧时机去收获劳动成果。否则，再简单不过的事情，如果当时不去执行，错过之后，也会悔之晚矣。

时机之所以宝贵，是因为它往往能给我们带来巨大的收益。我们一定要在日常生活中锻炼自己敏锐的嗅觉，一旦觉察到某件事情能改变我们的生活或当前的处境，并能让我们获得一定的收益，就不要犹豫，要立即去做。

小的机会常有，大的机会不常有。大的机遇，一生遇到几次就算幸运了。通常来说，比较大的机遇，往往发生在我们人生中的重要转折时期，比如升学、择业、择偶等人生重要关头。在这些紧要关头，我们需要用心对待。

那么，在博弈中，我们应该怎么抓住机会，为自己所用呢？

第一，提前做好一切准备和计划。机会总是留给有准备的人。比如例子中的农夫，对这种确定要做的事情，是可以提前做好准备的，只等收获的机会来临那天尽快动手即可。

第二，机会来临时，应以勇气为先。把握机会需要非凡的勇气和行动力，成功与否都有可能。如果因无法预测结果而畏缩不前，只会白白错失良机。

43. 智猪博弈：有时等待才是占优策略

在博弈的世界中，我们不仅要善于进行策略性思考，还要把握好行动的时间点。特别是在对手十分强大的情况下，不顾一切地主动出击，与对方硬碰硬，可能会给我们带来难以估量的损失。相反，如果能够充分权衡利弊，等待机会适时出手，往往会有惊喜。

这一点可以从经典博弈模型——智猪博弈中得到验证。这个模型是由博弈论大师约翰·纳什在1950年提出的。

那是一个巨大的长条形猪圈，一头安装着投食口，另一头设有一个机关和踏板。如果猪圈中的猪想要吃到饲料，就必须先踩踏板，再跑到投食口处，食用落下来的食物。踩踏板要花费2个单位的成本，落下的食物为10个单位。

当时猪圈中有一头身强力壮的大猪和一头瘦巴巴的小猪。小猪非常聪明，它开始思考自己能够吃到多少食物，并总结了4种情况。

（1）假设小猪和大猪一起去踩踏板，再跑去投食口。小猪能吃到3个单位的食物，其余食物被大猪享用了。

（2）假设小猪去踩踏板，大猪在投食口等待，小猪只能吃到1个单位食物，收益为-1。

（3）假设小猪和大猪都不去踩踏板，投食口不会落下任何食物，它们俩都会饿肚子。

（4）假设小猪在投食口等待，而大猪去踩踏板，小猪能吃到4个单位的食物，大猪能吃到剩下的食物。

不难看出，最后一种情况是小猪需要的最优解。因此，它不再费力去抢夺，而是舒舒服服地等在投食口，让大猪去踩踏板，这样就能毫不费力地获得足够的食物。大猪虽然不太乐意，但毕竟自己吃得多，所以大猪接受了这种安排。

人们常常将"等待"与"态度消极"联系在一起，很多人和企业都害怕等待会让自己失去先机。然而，在智猪博弈中，我们却发现，等待不仅没有给小猪造成损失，反而让它从强大的大猪那里分到了更多收益。

这是一种博弈智慧的体现，它教会了我们这样的道理：作为博弈中的弱者，不要总想着与对方抗衡，而是要多一点儿沉着和耐心，等待最适合自己的机会，这样才能更加轻松和安全。

在生活中，这样的例子并不少见。比如，实力较小的企业可以等待大公司投入人力、财力和物力资源，打造出在市场上一炮而红的新产品后，再借力进入该市场，与大公司一起分享"蛋糕"；创业者可以一边等待机会，一边调研市场需求，并找到可以借力的成功企业，想办法降低创业风险；职场新人在进入团队后，可以先等待机会，从团队中的"牛人"身上吸取经验，直到有把握后再出手，这样往往能够一鸣惊人。

不过，想要把握智猪博弈的精髓，我们还需要注意以下几点。

首先，根据博弈中的"理性人假设"，智猪博弈的假定参与者都是完全理性的，但在现实世界中，博弈各方的决策往往会受到多种因素的影响。因此，在制定策略时，企业或个人需要尽可能考虑多种因素，避免过于机械地套用智猪博弈模型。

其次，智猪博弈主要关注的是静态博弈过程，即参与者一次性决策的情况。然而，在现实世界中，竞争往往是一个动态的过程，参与者需要根据实际形势的变化和对手策略的改变不断调整自己的策略。有时选择等待是最优解，有时主动出击会更加明智。因此，企业或个人需要具备敏锐的洞察力和灵活的应变能力，才能适应不断变化的外部环境。

最后，需要提醒的是，智猪博弈的最终目的是达成均衡，而不是只达成"小猪"一方的"利益最大化"。因此，企业或个人在决策时不仅要考虑自己的利益，还要考虑对手的利益。如果完全忽视"大猪"的利益，只会造成恶性竞争，而在"小猪"实力较弱的情况下，这无异于灭顶之灾。因此，"小猪"应当自觉遵守"等待—借力—适时出击"的策略，以便更好地维持一种微妙的平衡，为自己赢得生存和发展的机会。

44. 枪手博弈：如何选择出击时机

在日常生活中，除了双人博弈之外，我们还会遇到多方势力互相博弈的情况。当对手不止一个，且各方实力不等时，我们可能会被两个或两个以上的对手同时盯上。面对这样复杂的博弈情境，我们应该如何选择出击时机，提高取胜率呢？下面这个经典的枪手博弈模型或许能给我们一些启示。

假设有甲、乙、丙三名枪手不期而遇，他们互为死敌，必须要解决另外两方才能有生路。假设甲的枪法最好，乙的枪法次之，丙的枪法最差。那么，每个人应该选择什么策略才能提高自己的生存概率呢？

我们来预测一下，如果三个人同时开枪，每人只开一枪，那么枪响之后，谁存活的概率最大呢？有人认为是甲，因为他的枪法最好。实际上并非如此，存活概率最大的是枪法最差的丙。

为什么会是这个结果呢？因为每个人为了保命，会首先瞄准对自己威胁最大的人。甲的枪法最好，所以乙和丙最有可能的策略都是把枪对准甲。那么甲是这三个人当中最危险的一个，也是存活概率最低的一个。

如果我们改变一下游戏规则，三个人轮流开枪，又会发生什么情况呢？假设开枪顺序是甲、乙、丙，那么甲有80%的机会一枪把乙杀掉。如果乙中枪身亡，没有开枪的机会，直接跳到丙开枪。丙有40%的机会把甲一枪杀掉。这一轮枪响之后，生存概率最大的仍然是丙。

如果乙躲过了甲的第一枪，那么轮到乙开枪时，他会向甲开枪，而不是丙，因为甲对他的威胁比丙更大。假设这一次乙杀掉了甲，轮到丙开枪，丙瞄准乙，丙的生存概率还是最高的。

如果是丙先开枪，那么他的首要目标肯定是威胁最大的甲。即使丙没有打中甲，轮到甲开枪时，甲也会选择瞄准乙。如果丙打中了甲，下一轮则是乙向丙开枪。因此，如果丙首先开枪，他的最佳策略不是朝甲开枪，而是朝天开一枪，这样在一轮当中，让甲和乙对峙，自己则处于更加有利的位置。

在这个博弈模型中，我们可以得出结论：人们能否在博弈中取胜，不仅取决于他们的实力，还有博弈各方实力对比形成的关系。在三方博弈中，乙和丙形成联盟，先把威胁最大的甲解决掉，他们的生存概率就会提高。

假设乙和丙是联盟关系，两者之间，谁更有可能背叛对方呢？在博弈中，每一方都会权衡忠诚与背叛的利弊。如果背叛的收益比忠诚更大，则合作关系可能会破裂。在三方博弈中，只要甲不死，乙就会把枪口对准甲。

丙就不一样了，它可以保持中立，朝天空开枪，让甲对付乙，或让乙对付甲，这样的胜算会比自己单独对付甲或乙的胜算更大。所以乙和丙合作时，乙的忠诚度更高，而丙的背叛概率更大，这是由他们的处境决定的。因此，在这种合作关系中，乙的风险会比丙大。

乙和丙合作，可以对抗强敌甲。如果乙和丙不合作，则最大的可能就是甲会先后解决掉乙和丙。

三方博弈的例子，在《三国演义》中最为多见。在赤壁之战中，曹操势力最大，孙权次之，刘备当时最弱。在这种情况下，孙权和刘备两方势力只有联合起来，共同对抗曹操，才能增加取胜的概率。孙权在枪手博弈的模型中，处于乙的位置，实力比刘备强，因此他在这场战役中做出的贡献比刘备方要大。

在博弈中，当我们处于三方博弈的情况时，在不同的阶段，该选择什么样的策略，才能提高取胜概率呢？

第一，实力最强时，需谨防被其他两方对手联合吞并。当我们处于甲的位置时，应该拉拢乙方或丙方，并适当运用离间计，破坏他们的联盟，然后逐个击破。

第二，实力中等时，要注意左右的缝隙。处在中间的位置，处境是最危险的，应该根据竞合情况的变化，灵活调整策略，尽量让三方保持"三国鼎立"的平衡状态，这样对自己最有利。

第三，当你处于最弱势时，应拉拢第二强者，而不是直接对抗最强者。尽量促使第二强者与最强者对抗，而自己不要单独行动。大多数情况下，可以静观其变，在"鹬蚌相争"时，成为得利的渔人。

45. 海盗分金：先动与后动有何玄机

在竞合关系中，经常会涉及资源分配或投票决策的问题。到底应该采取什么样的策略，才能在保证自身最大利益的同时，又能让大多数人支持自己呢？海盗分金这个博弈模型，正好能够帮助我们解决这个问题。

5个海盗抢到了100枚金币，他们为如何分配金币而烦恼，于是决定按抽签的顺序依次提出方案：首先由1号提出分配方案，然后5人表决，投票要超过半数同意方案才被通过，否则他将被扔进大海喂鱼，以此类推。

假定每个海盗都是聪明且理智的，那么1号海盗该如何分配金币，才能保证自己的最大利益，并且不被其他人丢进大海喂鱼呢？要想知道1号海盗的最佳策略，就需要了解2～4号海盗的最佳策略，因为这3个人的策略选择将决定他是否会被丢进大海。

我们简单地推测，就会知道，排在后面的人都想把前面的人丢进大海，好独吞金币。假设前面3个人都被丢进大海，那么4号海盗就会被5号海盗丢进大海。因此，4号为了保命，必须无条件支持3号海盗，哪怕一分钱也分不到。

假设1号和2号都被丢进了大海，在剩下3人的情况下，只要4号无条件支持3号，3号支持自己，则3号得2票，无须5号支持。因此，3号可以百分之百占有100枚金币。

当2号推测到3号的分配方案后，他会选择放弃3号，给4号和5号各分配1枚金币，自己得到98枚金币。这样的方案之所以比3号的方案更有优势，是因为4号和5号选择支持2号都能得到1枚金币，比选择支持3号的零收益更好。

当1号推测到2号的分配方案时,会放弃2号,给3号1枚金币,给4号或5号2枚金币,自己得到97枚金币。这样的分配方案之所以优于2号,是因为3号选择1号得到了1枚金币,比选择2号收益为零更好。而4号或5号选择1号得到了2枚金币,比选择2号只得到1枚金币更好。

从海盗分金这个博弈模型中,我们可以得知,从表面上看,1号海盗是最危险的,每个人都想把他丢进大海。实际上,只要他洞悉后面4个海盗是如何分配的,就可以先下手为强,比后面的对手多给其他人分1枚金币,以最小的代价拉拢支持自己的人。

在博弈中,如果遇到资源争夺的情况,那么先行动的人肯定比后行动的人更能牢牢抓住优势。也就是说,权力越大的人,分的越多。越迟动手的人,或地位越靠后的人,分到的利益越少,因为大部分利益都被抢占先机的大佬占完了。

公司成立了一个新部门,薪水比原来的部门要高。老板打算从旧部门里选一位最受欢迎的人来管理新部门,通过员工的投票选举决定。旧部门经理认为自己志在必得,所以根本没把其他竞争者放在眼里。因为在整个部门,他的职位是最高的,没人敢公然得罪他。

然而,有个心腹助理悄悄告诉他,部门主管正在暗中拉拢人心,说只要大家投他的票,他将会把自己1%的提成拿出来与大家共享。于是,支持他的人越来越多。当然,还有不少人持观望态度,似乎都在等待经理的表态。

听到这个消息后,经理非常生气!主管是他一手提拔上来的,现在这个二号人物想取代他,夺取本属于他的升职资源,他怎么可能愿意呢?

如果找个理由开除主管,肯定不可行。毕竟主管在公司里已经有了一定的势力,老板也喜欢他,在这个节骨眼上开除人,不是明摆着自己心胸狭窄吗?所以,关键是自己要拿出比主管更多的资源,与部门的下属们分享,以此拉拢人心。

至于主管以外的小人物，完全没有实力与自己竞争。于是，经理悄悄向大家透露内幕，只要大家选他当新部门的经理，他会拿出提成的2%与大家共享。这个消息传开后，下属们纷纷倒戈，支持经理。

从这个例子中，我们可以看出，经理相当于海盗分金模型中的1号海盗，掌握着部门资源中的最大优势。主管则相当于模型中的2号海盗，企图推翻上司，获取更多的资源。然而，姜还是老的辣！经理略施小计，便赢了主管。

在海盗分金的博弈模型里，我们能得到什么启示呢？

第一，实力越接近自己的人越危险。实力与自己相差甚微的人，可能是自己最大的竞争对手，因为他随时都可能超越你，取代你，占用你的资源。因此，你一定要比他更快下手，抢夺资源。

第二，做决策前，先判断谁是敌人，谁是朋友。在博弈中，想要找到最优决策，就要先判断谁对自己的威胁最大，谁最有可能与自己结盟，并据此按敌友排序分配资源。

46. 身处"人质困境",当心枪打出头鸟

在多人博弈中,我们可能会遇到人质困境。相比于双人博弈或三人博弈,多人博弈更加复杂和危险,一不小心,就可能成为博弈中的"牺牲品"。因此,在多人博弈中遇到人质困境时,切勿鲁莽行事,以免造成不可挽回的损失。

在影视剧中,我们经常会看到这样一幕:在一辆缓慢行驶的列车上,乘客们正在打盹,忽然有人从后面站起来,掏出匕首,刺向无辜的乘客。随着乘客们纷纷倒下,幸存者们既愤怒又惊慌失措,缩成一团不敢乱动。

这时,有勇敢的人想为众人出头,但在思考了后果之后,又退缩了。在歹徒的暴力和语言威胁中,尖叫声渐渐停止,变成了死一般的寂静,所有的乘客都陷入了困境。

在这种危险的情况下,对于每个乘客来说,最安全的策略是往后躲,不发声,不乱动,尽量降低自己的存在感。歹徒不会长时间行凶,先保存自己的性命,就有逃生的机会。如果冲动出头,选择反抗,很可能会立即被歹徒结束性命。

对于人质而言,最优策略是团结起来,集体行动,人多力量大,共同对抗歹徒。这样成功摆脱凶手控制的概率就比个体对抗歹徒大得多。然而,在这种特殊的情境下,谁能确定所有人都敢反抗歹徒呢?又由谁来组织这次自救行动呢?

如果有人站出来号召大家,那么这个人很有可能会被当作出头鸟而遭受打击。在这种死亡威胁下,谁也不敢贸然出头。于是,大家陷入了进退

两难的困境。

当然，在现实生活中，危及性命的人质困境属于极端事件，极少发生。然而，导致我们利益受损的人质困境却经常出现。在多人博弈中，爱出风头的个人往往是第一个被攻击的对象，这一点我们应该引以为戒。

部门来了新领导，制定了一系列新规定，同事们对此非常不满。但在领导面前，他们敢怒不敢言，只能忍气吞声，默默执行。私底下，大家怨声载道，把这个领导骂得狗血淋头，并打算集体行动，提出建议，要求领导废除不合理的规定。

小秦是个新员工，在同事的议论声中听得热血沸腾，她加入了抱怨新领导的行列，而且呼声最高。然而，第二天，大家还是继续执行新领导的规定，谁也不敢先吭声。小秦觉得，有意见就得及时提出来，这样才能提高工作效率。

于是，她主动找领导谈话，传达了大家的意见。领导耐心地听她讲完，最后心平气和地感谢她的坦诚，并谦虚地表示，自己刚到新部门不久，有很多做得不对的地方，有人提出来她很高兴。随后，领导果然对新规定进行了适当的调整。

小秦感到很高兴，认为自己做了一件好事，大家会感谢她。然而，大家却开始慢慢疏远她，与她保持一定的距离。小秦也被调到了一个不起眼的角落，从一开始的重要岗位被换到了边缘岗位。相反，另一个低调行事的同事却接替了她原来的工作岗位。

在这个例子中，新领导就像人质困境模型中的"劫持者"，而小秦和同事们都是"人质"。所有同事都低调自保，只有小秦成了"出头鸟"。

新领导肯定也知道，大家对她不满。不过，作为居上位者，即便她知道自己做得不够好，下属对她有意见，她依然要保持自己的威信，否则后续的工作将无法进行。因此，公然站出来挑战权威的人极有可能受到惩罚。

那么，小秦应该怎么做，才能避免麻烦呢？她有两个选择：一是和大家一样，保持沉默，等领导自己反应过来，自发地调整新规定；二是说服大家一起行动，集体向领导提意见，这样，领导就不会把她当成出头鸟了。

在人质困境中，我们应该怎么做，才能最大限度地保证自己的安全和利益呢？

第一，三思而后行。谨慎行事，是解决人质困境的基本原则。没有周密的计划，切勿行动。一定要摸清所有博弈者的心思，找到周全的应对策略，才能采取行动。

第二，了解"劫持者"的信息。想要制服对手，首先要了解对手。对方有什么优势，又有什么样的弱点，包括对方的行动规律等，都要了解清楚，才能找到突破口。

第三，加强"人质"之间的沟通。在"劫持者"的权威下，虽然"人质"的数量很多，但大家往往明哲保身，难以坦诚交流，甚至提防、出卖队友。这时候，想要破局，就要联合尽可能多的人，互相交流信息，共同商量破局之计。

47. 幸存者策略：先发制人与后发优势

在博弈中，出击的时机非常重要。选择先发制人还是后发制人，取决于我们当时所处的位置和实力。如果时机成熟且有足够的能力击败对方，先发制人是最佳策略。如果时机未到，自己的实力尚不足以应对对方，就没有必要硬碰硬。

当我们还弱小时，不妨暂且忍耐，等待自己羽翼丰满，再精准出击。处在弱势当中，先让自己存活下来，这才是最重要的。切勿逞一时之勇，与强者正面交锋，自取灭亡。

很多时候，主动出击并不是博弈中的最优策略，后发制人往往比盲目行动更为稳妥。

古时，有个家境普通的青年，为了筹钱看病，不得不将祖传的老古董拿到财主家变卖。青年认为，这件古董至少值300两银子，财主认为，这件古董至多值400两银子。那么，综合两人的估价，这件古董的成交价格应在300两到400两之间。

交易的流程是买主先出价，青年根据财主的出价高低，决定是成交还是加价。如果青年选择成交，则财主出价成功；如果青年觉得价格不合适，或预判财主还可以出更高的价钱，则可以加价。

在青年加价之后，如果财主愿意多出一点钱拿到这件古董，或出于好心想接济一下青年，则选择成交。如果财主认为这件古董不值这么多钱，也不想做慈善，则选择不成交。

不过，青年为了获得更大的收益，即便财主出价不低于300两，青年也不会放弃加价的机会。比如，财主开价320两，如果青年愿意成交，那他只能得到320两；但如果青年加价到400两，而这个价格仍在财主的预算之内，那么财主就会选择成交。

在这个例子中，后出价的人总是比先出价的人占据更多的优势。如果青年先出价，财主还价之后，古董可能只能卖出300两。而如果财主先出价，青年再加价，古董最高可以卖出400两，相差100两。当然，现实当中的博弈会更复杂。

由此可见，在价格谈判这种类型的博弈中，后发制人才是最佳策略。

在博弈中，我们如何正确选择出手的时机，在保存自己的实力或守住底线的同时，赢得最大的利益呢？

第一，客观判断自己的实力和胜率。在博弈中，骄兵必败，切勿高估自己的实力。应对自己和对手的总体情况进行客观评估，如果胜算不大，切勿操之过急。

第二，充分利用后发优势。先发制人可以抢占先机，但也可能因为准备不足而出错。后发优势在长期博弈和重复博弈中，为我们赢得了更多的准备时间和成长空间。我们可以在后发优势中步步为营，借力打力，给对手编织好严密的天罗地网，从而有很大的概率转弱为强、反败为胜。

48. 适时潜伏，没有时机就等待时机

人生有顺境，也有逆境。当我们在长期博弈中陷入逆境时，就要学会潜伏，灵活收放，以便驾驭时机。这时，我们往往需要隐藏自己的实力，低调行事，等待关键时刻，全力一搏。

低调潜伏能给我们带来什么好处呢？首先，潜伏可以麻痹敌人，避免无谓的冲突和损失，为未来厚积薄发积蓄实力。其次，潜伏还可以让我们有时间去观察、学习、积累。在这段时间里，我们可以深入思考，吸取教训和经验，为将来的行动做好准备。

公元前496年，吴王阖闾攻打越国，大败而归。他本人也受了重伤。临死前，他嘱咐儿子夫差替自己报仇。夫差发愤图强，两年后攻打越国，大获全胜。勾践被围困。

大夫文种向他献计，说吴国大臣伯嚭贪财好色，可以贿赂。勾践看到希望，于是命文种带着财物去吴国投降。受了贿赂的伯嚭在吴王夫差面前替勾践求情。夫差放过了勾践。

勾践带着妻子和大夫范蠡到吴国侍奉吴王，取得了吴王的信任，三年后被释放回国。从此勾践发愤图强，伺机复仇。为了激励自己，他晚上睡在稻草堆上，枕着兵器，还在房间里挂上苦胆，每天尝一尝，提醒自己不要忘记战败的耻辱。

他善于用人，让文种管理国家政事，让范蠡管理军事。为了赢得民心，他亲自到田里与农夫们一起干活，让妻子与农妇们一起织布。他的行为感动了越国民众，全国上下一心，艰苦奋斗十年，越国的国力变得强盛。

相反，吴王夫差一心争霸，不顾民生疾苦，甚至杀了伍子胥。

公元前482年，夫差率兵北上，与晋国争夺诸侯盟主之位。勾践率精兵袭击吴国，杀死太子友，大挫吴国锐气。夫差匆忙带兵回国，向勾践求和。勾践衡量两国实力后，认为不宜久战，便同意了议和。

公元前473年，越兵攻入吴都，夫差自杀。

在这个历史故事中，勾践就是一个懂得潜伏、等待时机的人。当他败给吴国之后，也曾消沉。但因为大臣的一句话，他看到了生机。因此，他忍辱负重十余年，尝尽了人生百苦，用这十余年的时间，苦练本事，振兴国力，终于迎来了报仇雪恨的时机。

古往今来，取得巨大成就的人，往往是懂得潜伏的长期主义者。在博弈中，有时等待反而能避免踩坑。尤其在商业领域，当一个市场尚未成熟时，不妨让对手先去探路，再慢慢研发新产品，取长补短，反而能一举打败对手。

有一家电器公司（我们称为甲），多次引领世界潮流。20世纪中期，甲公司研制出了一款家用小型录像机。此后，该录像机投入生产，并风靡全球。很快，竞争对手（我们称为乙）发现了甲公司的研究方向，也悄悄开始研究录像机。

不过，乙公司认为此时推出新产品时机尚不成熟，一来市场尚未完全成熟，二来自身的新产品还有待改进。过了一段时间后，小型录像机的市场逐渐成熟，几乎供不应求。乙公司果断出手，推出了自己的新产品。

乙公司的小型录像机比甲公司的产品更具优势，能够长时间录像，且价格比甲公司便宜很多，具有价廉物美的竞争优势。因此，乙公司的产品一经推出，就战胜了对手，在市场上非常受欢迎。乙公司比甲公司更具竞争力。

这个例子告诉我们，有时候，等待且找准时机再出手，会比第一个吃螃蟹的人得到更大的收益。所谓"螳螂捕蝉，黄雀在后"，说的就是这个道理。时机不成熟时，不要强出头，可以跟随对手的脚步，沾着对手的光。

站在巨人的肩膀上,看得更远。

那么,在等待时机的过程中,我们应该做哪些准备,以增加博弈的筹码呢?

第一,修炼心态。韬光养晦,既是生存之道,也是一个人、一个集团由弱变强、由衰转盛的必要过程。如果没有坚韧不拔的意志和务实求真的精神,很难静下心来等待时机的来临。

第二,修炼真本事。十年磨一剑,在机会博弈中,不但要磨炼心智,也要磨炼技术,做好资金、人力、专业技术等各方面的精心准备。只有增加自己的博弈筹码,才能在机会到来时大展拳脚。

第五章 抓住机遇，跟随战术制造博弈优势

49. 机会来临时，不要过多犹豫

三思而后行是一种美好的品质。在博弈的过程中，谨慎、思虑周全的心态是值得推崇的。然而，过于谨慎，机会来临时还犹豫不决，迟迟不肯行动，则可能白白错过时机。作为一个优秀的博弈者，既要懂得衡量利弊，也要敢于行动。

没有选择的人生是悲哀的，只能一条道路走到黑。然而，过多的选择又给人们带来了烦恼，太多的顾虑和犹豫，往往是因为拥有多种选择而无法取舍。如果总是执着于"最优选择"，那么很可能会产生"选择困难症"。

有一个"布利丹的驴子"的故事，讲的是一头饥饿的驴，面对两捆同样的草料，却始终犹豫不决，最终饿死了。你是否觉得这头毛驴很荒谬呢？其实它的犹豫不决，是很多人的真实写照。明明大好机会摆在眼前，闭着眼睛选一个方案去行动，都比不动好太多。偏偏有人犹豫不决，等到时机白白流失后，才后悔莫及。

即便是历史上有名的英雄，也曾因为犹豫不决，错失重大时机。

宋代诗人陈普写过一首诗，惋惜项羽本是一代枭雄，最终却因错失良机，造成无颜见江东父老的悲剧，可谓发人深省。这首诗是这么写的："齐王元在籍军中，万马朱幩（fén）照海红。垓下相逢揿掩袂，更何面目见江东。"

这首诗讲的到底是一个怎样悲壮的故事呢？韩信攻打齐国胜利后被刘邦立为齐王，项羽派武涉去劝韩信自立门户，但韩信不听项羽的建议，认为刘邦信任自己，不可辜负。韩信率军在垓下围困项羽，项羽兵败自刎。

不过，很多人认为，项羽的失败并非因为韩信没有自立，关键在于他没有抓住机会。在鸿门宴上，项羽本来有机会杀掉刘邦，但因为项伯提前求情，项羽放过了刘邦。最终，刘邦成功出逃后，用了四年时间，终于完成了对项羽的反击。

在这个例子中，项羽本来已经对刘邦动了杀机，却犹豫不决，为日后埋下了祸患。在战争博弈中，耽误战机往往会危及性命。项羽的犹豫行为是非常危险的。他既然已经动了杀机，却没有成功执行，那刘邦肯定会知道。当杀不杀，必然会招来报复和反击。

就像一个员工想辞职，这种念头一旦泄露，又犹豫不决，老板知道了极有可能不会再重用这个员工，甚至会先下手为强，提前找好替代者。所以说，犹豫不决，不光是耽误大事，可能还会给自己招来祸害。

在博弈中，我们该如何战胜犹豫的心态，及时抓住机遇呢？

第一，放弃完美主义。犹豫不决的人，大多是完美主义者，事事追求万无一失，花费过多的时间在准备阶段，总是想等到各方面的条件都无可挑剔后才开始行动。事实证明，世上并无绝对完美的事，过多犹豫，只会错失良机。

第二，斩断后路。犹豫不决，可能是因为选择太多。总认为当下的最优选，不等于未来的最优选，于是总想着再等等看，有没有更完美的选择。如果迟迟做不出决断，必要时应该适当斩断自己的后路，让自己果断前行。

第三，从小事开始行动。如果暂时没有办法厘清头绪，害怕在重大决策上失误，可以把大的决策推后，从小事开始。当我们开始行动时，思路会越来越清晰，我们想寻找的答案也会自然而然地浮出水面。

50. 合理利用时间，在博弈中获得更大优势

如何分配时间资源，对于博弈来说，是一个非常重要的因素，却常常被忽略。在一场博弈中，如果双方最终的结果相差无几，那么谁能在短时间内完成这个结果，谁就能占据先机。

甲公司和乙公司竞争丙公司的一个项目。甲公司只用了半个月就完成了标书，并提交给丙公司。乙公司用了一个月才将标书提交。此时，丙公司已经准备采用甲公司的方案，而乙公司的方案只能作为备选。

虽然丙公司声称给予两家公司一个月的时间进行准备，并将在一个月后让两家公司竞标。确实，一个月后，丙公司也按照这个流程，让两家公司公开提出了各自的方案，再进行选择。然而，丙公司的项目负责人已经提前看过甲公司的方案，并且打算采用甲公司的方案。

不过，由于流程问题，丙公司的项目负责人并没有公开透露自己的想法，只是在心里已经有了答案。同时，他也想看看乙公司的方案，是否会惊艳到让他改变主意的程度。然而，在看了乙公司的方案后，丙公司并没有觉得乙公司的方案很惊艳。

具体来说，甲和乙的方案各有利弊，综合实力相当。乙方案因为多用了半个月的时间，虽然更加周详，却没有达到更好的效果，所以丙认为乙公司可能存在工作效率低下的问题，因此这次竞标没有选择乙公司。

在这个例子中，我们可以看到，时间在两方博弈中起到了重要作用。其实，甲、乙两家公司的标书质量差不多，这也意味着他们之间的实力也差不多。但由于乙公司延后半个月提交标书，丙公司对乙公司的要求提

博弈智慧
权衡利弊，追求最优结果的一门学问

高了。

如果甲和乙提交标书的时间相同，两家公司被选择的机会是均等的，各有50%的概率。但随着时间的推移，丙对乙的要求是"惊艳"而不是"达标"，而对甲的要求只是"达标"，并没有要求"惊艳"。

时间就是金钱！在商场博弈中，时间的重要性还体现在谈判的过程中。

刘先生需要一批货物，找到了田老板，报价15万元购买。田老板觉得难以接受，因为相对于销售高峰期，这个报价压低了一半。所以田老板要求至少25万元成交，刘先生只是笑笑，说会考虑一下，并不着急。

刘先生之所以不着急，是因为他了解过市场。这批产品的销量已经远不如以前了，因为厂家即将生产出新一代的产品。如果田老板再不抓紧时间出手，价格只会越来越低。果然，过了几天，田老板给刘先生打电话，说可以降价出售，以前可以卖30万元的，现在只需要23万元了。

刘先生表示只愿意出15万元，但田老板不愿意，于是挂断了电话。接下来的半个月，刘先生隔三岔五地询问价格，但始终没有购买，因为田老板的价格还没有降到他预期的水平。

随着时间的推移，离新产品发布的日期越来越近了。田老板终于按捺不住，再次主动给刘先生打电话，说愿意将价格降到20万元，希望刘先生尽快购买，否则就会卖给其他客户。

刘先生只是笑了笑，说会考虑一下。时间拖得越久，对刘先生来说越有利，而对田老板来说，却越来越不利。第二天，田老板又给刘先生打来了电话，说愿意以15万元出售。终于，这一次，他们成交了。

从这个例子中，我们可以看出，在双方的价格谈判博弈中，时间起到了关键作用。双方的理想价格相差不小，但谁的时间更充足，谁就掌握了主动权。谁的时间更紧迫，谁就陷入被动之中，任人宰割。

那么，我们如何利用时间的优势，在博弈中赢得主动权呢？

第一，把时间当作博弈资源。我们必须把时间视为一种资源，养成合理利用时间的观念。有了时间观念后，才能在执行每一个决策时，将时间这一因素考虑在内。时间非常宝贵，务必要牢记这一点。

第二，注重时效。我们应该习惯性地思考，手中的资源是否具有时效性。比如，经常迭代的产品应该在最畅销的时候出售，积压得越久，后期越被动。

51. 学会"搭便车",博弈中更加省时省力

有不少人反对搭便车的行为,认为搭便车实际上是一种占他人便宜、占集体便宜的偷懒行为。确实,有不少这样的事是不值得提倡的。不过,在博弈中,正确地搭便车可以让我们更加省时省力,轻松实现自己的目标。

为了宣传公司的产品和品牌形象,不少公司都邀请明星来给自家做产品代言人或品牌形象代言人,尤其是在奢侈品公司,这种现象更为普遍。这也是一种搭便车现象。

比如,某珠宝公司,最近推出了新产品,为了迅速提高这套产品的知名度,实现销售目标,公司邀请国内炙手可热的女明星作为产品代言人。很快,女明星的粉丝们争相购买这套产品,同时在自己的社交媒体上分享使用产品的心得和效果。

经过一段时间的宣传后,越来越多的人知道并使用这套产品,在行业内积累了良好的口碑。

尤其是产品广告在电视、杂志、知名网站等各种媒体上传播后,产品深受消费者的喜爱,成功地打开了销路。

又如,某国际知名化妆品公司,为了进一步开拓中国市场,提高品牌影响力,邀请国内某位美丽大方的女明星作为形象代言人,传达出"自信、美丽"的品牌理念,迅速与女性消费者产生情感共鸣,取得了很好的传播效果。

在上面这两个例子当中,公司通过明星效应帮助自家提升品牌形

象，提高产品知名度，利用明星的名气和资源，为自己打广告，这就是搭便车。

当个人或公司知名度不够，或缺乏资源时，不妨借助明星或名人的名气和实力来提高自己的身价，或提升公司和产品知名度，赢得更多的流量和销路。只要与这样的强者为伍，我们就能凭借他们的光环，为自己赢得一片掌声，这也是一种智慧的博弈手段。

公元前201年秋，匈奴单于冒顿率军南下。公元前200年初，刘邦率领30万大军迎战，由于轻敌冒进，刘邦和一小部分部队在平城白登山中了埋伏，被30余万匈奴骑兵围困。匈奴围了7天，没能占领白登，但汉军粮食快吃完了，饥寒交迫，情况危急。

正在这时，刘邦手下的臣子陈平想到一个妙计。他派使者求见冒顿单于的阏氏，送去一份厚礼和一幅美女图。

阏氏担心汉朝送绝色美女给单于，于是说服单于放开了一个缺口，刘邦因此得以冲出重围。这就是历史上的白登之围事件。

在这个例子中，刘邦无法靠自身的实力冲出敌人的围困，于是借助单于妻子的忌妒心，摆脱了困境。这种借力打力的行为，实际上也是博弈中的搭便车现象。由此可见，搭便车这种策略，只要用得好，就能事半功倍。

那么，在日常生活中，我们该如何使用搭便车策略，以有效增强我们的博弈优势呢？

第一，利己不损人。要善用搭便车这一策略，必须坚持利己不损人的原则。在实现自身利益最大化的同时，要尽量避免损害他人的利益。应找到与他人合作的共同利益点，并注意维护自己的形象和口碑，以免引起公愤，得不偿失。

第二，借力名人效应。有名气、有地位或德高望重的人物，通常自带丰富的社会资源和财富，靠近他们可以带来诸多便利。可以通过聘请形象代言人、与名人或行业内的重要人物合作等形式，扩大自己的知名度，为自己的业务做宣传。

第三，借力名企效应。知名企业的一举一动，都可能成为新闻。如果能够与知名企业合作，或者建立联系，也能够扩大自己的影响力。

第四，借力重大活动。经常参加行业内外的重大活动，不仅能够拓展人脉，也能够提升自己的影响力。

第六章

摆脱困境，面对两难境地慎重出牌

52. 博弈中的困境，考验的不只是自己

在博弈中，我们时常会陷入各种各样的困境，这时如何选择，是对智慧的考验。然而，博弈中的困境考验的不仅是我们自己，还有参与这场博弈的所有人。实际上，博弈从来不是一个人的战斗，而是双方或多方参与者的互动。人与人之间不仅有竞争，也有合作与互助。

当我们身处困境之中时，不仅要挖掘自身的力量，也要考虑他人的支援与合作。除了注重自身利益，也要考虑他人利益，通过合作实现共赢。在困境中，我们不仅要审视博弈的局中人，也要仔细观察外部环境对博弈局面的影响。选择策略时，不仅要着眼于自身的过去经验和未来走向，也要客观审视他人的策略选择。

甲乙两人在原始森林里徒步，忽然听到身后传来狼的叫声，他们感到十分恐惧。甲迅速从背包里拿出运动鞋换上，乙很不理解："换上运动鞋有什么用？你跑得再快，也比不上狼！"甲冷静地说："跑不过狼没关系，只要跑得比你快，我就能逃命。"

乙在震惊之余，迅速冷静下来。他就近爬到一棵树上，选择了一个最安全的位置，观察着树下的情形。狼很快就找到了这里，嗅到了人类的气息，它朝着树上的人三番五次地咆哮，还不断地用身躯撞击大树。乙害怕不已，但依然紧紧抱着大树不松手。

狼无计可施，转身去追赶逃跑的甲。结果，甲被狼吃掉了，乙却成功生还。

在这个故事中，甲乙两人遭遇了困境，他们的共同敌人是狼。在危机

出现之后，甲为了自己的生存，毫不犹豫地背叛了乙，使这场两方博弈演变成三方博弈。甲以为，只要自己和乙博弈，赢了乙，就可以成功逃过狼的猎杀，即便牺牲了乙，也在所不惜。

不得不说，甲采用的是大多数人的常规思路，但他的策略是一个劣势策略。他没有想到，即便他跑赢了乙，为自己赢得了更多的逃跑时间，狼可能并不会满足于一个目标，在咬死乙之后，继续猎杀他。

乙的博弈策略独辟蹊径，他既不与甲赛跑，也不与狼赛跑，因为无论如何他都跑不过狼。即便赢了甲，也未必能保住性命。于是他利用附近的一棵树作为自己的竞争优势，成功逃过了狼的猎杀。

在这个故事中，甲本来是有可能保住性命的。如果他选择与乙合作，而不是第一时间背叛乙，甚至把乙当作自己保命的牺牲品，那么他可以利用乙的智慧和力量一起与狼博弈，胜算更大。由此可见，在多方博弈中，当其中一方实力过强时，弱势方如果不考虑联盟，而与强势方硬碰硬，注定是惨败的下场。

民国时期，一位银行家提着一箱巨款，路过一条偏僻的胡同，忽然被一劫匪用枪指着脑袋，让他把钱交出来。银行家一副战战兢兢的模样，恳求劫匪道："这些钱并不是我的，给了你我不好交差，你帮我一个忙，朝我的帽子上开两枪吧。"

看到他那副吓破胆的样子，劫匪接过他递过来的帽子，朝上面开了两枪。银行家又恳求劫匪在他的外套上开几枪，这样效果就更加逼真了。劫匪不耐烦地拉起他的衣服，朝上面开了几枪。银行家继续说："最后一个请求，朝我的裤脚开两枪吧。"

劫匪气急败坏，朝他的腿部连续开枪，直到子弹打光为止。银行家趁机将劫匪踢翻，拼命冲出了胡同，最终获救。

在这个故事中，手无寸铁的银行家面对生命的威胁，依然保持着冷静，做出了理智的决策，最终在这场博弈中赢了持枪劫匪。可见，无论我们面对多么强大的对手，只要找对方法和策略，总是能找到突破困境的办法。

无论是在商业竞争还是在日常生活的各种博弈中，面对激烈的竞争，我们难免会遇到困境。那么，如何摆脱困境，突破重围呢？

第一，找到合适的竞争方式。在商场博弈中，找到适合自身长期发展的竞争优势，将决定企业的生死存亡。方法不对，努力白费，错误的竞争方式甚至可能导致全军覆没。像上面的第一个例子中，甲的竞争方式是自寻死路，而乙却能独辟蹊径，得以生还。

第二，审时度势，利用身边的资源寻找突破口。遇到困境时，要眼观六路，耳听八方，冷静地分析周边环境，看看有没有值得利用的资源。甚至可以从博弈对手身上找到突破口。在第一个例子中，乙找到庇护自己的树；在第二个例子中，银行家从劫匪的枪上下手。

第三，树立大局意识，注重合作共赢。在博弈中，参与者之间，什么时候该竞争，什么时候该合作，可以根据情况灵活调整。同时，我们需要密切关注外界对博弈的影响，毕竟，我们是在大环境下进行博弈，而不是在真空中博弈，一定要顺势而为。

53. 解决"公地悲剧",避免过度追求个人利益

什么是公地悲剧呢?简单来说,就是公共资源被过度使用,却没有得到很好的维护,从而产生一系列问题。

1968年,美国学者哈丁在《科学》杂志上发表了一篇题为《公地的悲剧》的文章,描述了这样一种现象:英国曾有牧场公地,无偿向牧民开放。但由于人类自私的天性,每个牧民都想在公地上多养牛羊。随着牛羊数量无节制地增加,公用牧场最终因超载而成为不毛之地,牧民的牛羊最终全部饿死。

哈丁以这一思路,讨论了人口过载、环境污染、水中生物过度捕捞和不可再生资源的消耗等问题,并发现了相同的情形。他提出:在公共资源中,每个人都追求各自的最大利益,这就导致了公共资源被过度开发的悲剧。

哈丁的结论是:世界各地的人民都必须意识到,大家有必要限制对公共资源的自由使用,并接受一定程度的约束。

最后,哈丁提出,解决公地悲剧的办法有两种。

一是从制度上解决问题,即建立集中化的权力机构。机构方对公地拥有使用权和处置权,并参与对公地的管理。

二是使用道德的约束力解决问题,即通过道德的奖罚机制对人进行约束。

实际上,公地悲剧就是一个多人囚徒困境。如果大家都只关注自己的利益,人类的公共资源将会被过度开发,最终导致我们集体走向毁灭。公

地悲剧的例子在现实生活中并不少见。对于公共资源，大家都不会爱惜保护，公共资源被滥用也就在所难免。

假如，在一个偏僻的风景区，有一个湖，因为很少有人去，所以湖里的鱼很多，并且每个人都可以随意捕捞。这个湖一旦被众人发现，大家就会蜂拥而至，拿着工具大肆捕捞，仿佛谁少捞一点儿就吃亏似的。

久而久之，湖里的鱼被过度捕捞，湖里的生态被破坏，这个湖就会失去它的再生功能，也就再也没有办法给人们提供鱼了。但是从渔夫的角度来看，过度捕捞的策略能使他获得最大的利益。即便他自己不过度捕捞，也无法阻止其他渔夫这么做。所以，他的个人选择并不能改变大环境。

在权衡利弊后，每个人都会选择过度捕捞，这个湖中的鱼很快就会消耗殆尽。如果每个渔夫少捞一些，情况就不会越来越严重，大家也可以长久受益。但人类自私的天性，注定让每个渔夫都会做出利己的选择，最终使得每个人都尝到了恶果。

那么，如何解决公地悲剧呢？有学者提出了以下设想和建议。

第一，制定行为规范。明确规定，在使用公共资源中，哪些行为是被允许的，哪些行为是被禁止的，包括对地点、使用时间、技术以及资源量或份额的规定等。

第二，建立惩罚机制。当使用者违反行为规则时，需要进行严厉的惩处。可以通过书面文件、口头警告、罚款、限制未来使用资格等方法，对违规人员进行处罚。

第三，建立监督机制。建立一个有效的预防作弊机制，最好是在参与者日常生活中自动进行监督，方便大家共同监督，免去使用管理人员的麻烦。可以使用一些技术含量较高的监督手段，比如对渔民每天的捕捞量进行精准测算，这将更容易规范渔民的行为。

第四，建立良好的制度。利益驱动使每个人都有可能存在作弊动机，如果能够建立一个完善的制度，从长远发展的角度来规范人们的行为，则可以有效解决公地悲剧的问题。

第六章 摆脱困境，面对两难境地慎重出牌

54. 跳出"旅行者困境"，别让自作聪明耽误了你

"机关算尽太聪明，反误了卿卿性命。"在《红楼梦》中，王熙凤精于算计，最后却落得一个悲哀的下场。在博弈中，每个人都是聪明的，但聪明反被聪明误的例子也不在少数。有时候过于理性地算计利益，反而会让自己在博弈中损失更多。下面这个旅行者困境模型，说的就是这个道理。

1994年，经济学家巴苏提出了一个双人博弈模型，名为旅行者困境。具体情景如下：两名旅行者买了完全相同的两件瓷器，发现被航空公司损坏了，他们提出了赔偿。理赔人员不知道瓷器的具体价格，但预估价格不会超过100美元。于是，理赔人员让两名旅行者分别写下100美元以内的价格。

如果两位乘客写下的价格相同，则公司照价赔偿。如果两位乘客写下的价格不同，则按照较低的价格赔偿，并给予报价较低的乘客2美元的奖励，对报价较高的乘客进行2美元的惩罚。

从乘客的角度来看，他们的最佳策略是同时写下100美元，这样两人都可以拿到100美元。不过，如果他们追求更大的利益，甲认为乙会写100美元，自己写99美元，则可以得到101美元；乙认为甲会写99美元，自己写98美元，则可以得到100美元；甲又认为乙会写98美元，自己写97美元，则可以得到99美元……以此类推，两人就陷入了旅行者困境，在追求更多利益的过程中，反而得到了更少的利益。

由此可见，两人过度博弈的结果是，本来双赢的局面变成了双输。在博弈过程中，他们可能还认为自己聪明又理性，但从实际收益来看，他们

反而是不理智的。在这种局面下，斤斤计较或把对方往坏处想的行为都显得十分可悲可笑。

因此，在旅行者困境中，想要破局，就要客观地看待问题，跳出绝对利己的旋涡，写下一个真实的，或者保本100美元的价格，不要管另一个旅行者怎么想，也不要再计较一两元的蝇头小利，这样才能在保持内心坦荡的同时，拿到自己应得的那份权益。

那么，当我们深陷旅行者困境时，应该怎么破局呢？

第一，诚实面对，切勿自作聪明。当意外发生时，诚实地说明情况，反而能尽快弥补损失。不要因为眼前的一点儿好处而撒谎算计，毕竟谎言迟早会暴露，失去信誉后，反而得不偿失。

第二，看清问题本质，切勿转移矛盾。在上述例子中，两位旅行者的博弈对象是航空公司。要争取正当权益，可以说出真实价格，并通过票据等证据证明其真实性，必要时通过法律手段索赔，而不是与利益无关的另一位旅行者博弈，浪费精力且得不偿失。

55. "志愿者困境"：该不该为他人牺牲自己

志愿者困境是威廉·庞士东提出的博弈模型。通俗地说，在多人博弈中，每个参与者都可以挺身而出，牺牲自己的一小部分利益，从而让所有参与者都能获利；也可以选择做一个没有贡献的旁观者，等着志愿者挺身而出做出贡献，自己从中获利。

志愿者困境的博弈模型场景如下：某个小区忽然停电了，大家都知道，这些居民当中，只要有一个人愿意花钱主动打电话给电力公司，这个问题就能解决，社区中的所有居民都会因此受益。但是如果没有人愿意做这个主动打电话的志愿者，所有人都将面临没有电的困境。如果有一个人肯主动打电话，其他居民什么都不用做，就可以从中获益。

在志愿者困境的博弈中，只有至少一个参与者选择支付成本，才能产生公共利益，使得所有人都获利。志愿者可以选择独自为群体付出，也可以选择与其他合作者一起为群体付出，他的收益都是一样的，不增不减。

在日常生活中，我们应该如何走出志愿者困境？

第一，约定轮流做志愿者。如果我们处于长期博弈中，总是和同一群人打交道，那么轮流做志愿者的方法是相对公平的。不妨制定一些规则，约定在什么情况下，谁该站出来为大家谋福利。

第二，专业的事情应交由专业人士处理。如果遇到一些非常专业且难度较高的情况，应由专业人士挺身而出。比如，路上突然有人昏倒，医护人员或具备急救知识的人应当挺身而出。志愿者做好事之后，相关人员应表示感谢和支持,形成良性循环。

第三,多做好事,莫问前程。如果只需要让渡很小的利益,并不需要付出很大的代价,就可以让大家受益,不妨多做好事,同时也鼓励身边的人一起多做好事。利人也是利己,不妨打开格局,广结善缘。

56. 遵守游戏规则，避免互相背叛的恶果

在博弈中，我们既需要与参与者竞争，也需要与对方合作。如何保证对方不背叛自己呢？首先，自己要遵守游戏规则，以身作则，不要轻易背叛对方。其次，也需要使用一些方法，加深双方的利益捆绑和利害关系，使对方不能轻易背叛自己。

黄先生开车到一栋大厦楼下办事，车子进了停车场后，一位穿着制服的管理人员拿起一支粉笔，在车胎旁边画了一道记号。黄先生有些不理解，问他为什么要这样做。管理人员告诉他，这里的车位很紧张，只能停30分钟。

管理人员认真地给每一辆车做标记，如果停车超过30分钟，将会被抄牌，必要时还会打电话通知车主，让其前来移车。黄先生点点头表示理解，并在管理人员的要求下留下了电话号码。

半个小时后，黄先生的事情还没有办完，管理人员果然打电话给他，让他下来挪车。黄先生一边道歉，一边走到停车场，和管理人员商量，有没有办法能让车停得久一点儿。管理人员让他把车挪到另一个位置，并告诉他，可以再停30分钟。

黄先生回到楼上，把这件事告诉了朋友。朋友很不理解："既然还能停30分钟，为什么要你挪车呢？让他把记号改一下，不就完事了吗？你都不用麻烦跑一趟，这简直是浪费时间。"

黄先生很严肃地对朋友说："规则就是规则，大家都要遵守，要不然哪里来的秩序？那位管理员做得挺好，我也应该配合他。如果大家都不遵

守规则,这个停车场就会乱套,不会像现在这么整齐。"

在这个例子中,黄先生和管理员都是遵守规则的人。管理员敢管、敢说、敢做,黄先生宁愿麻烦一点儿,多跑一趟,也无条件支持管理员。因此,他们用行动维护了停车规则,也在友好的氛围中实现了合作共赢。

在博弈中,我们怎么做,才能让参与者遵守游戏规则呢?

第一,释放善意。当对方没有背叛我们时,我们要对他们释放善意,而不是针锋相对地防备。在合作过程中,释放忠诚友好的信号,让对方知道我们不会做出背叛行为。

第二,对违反规则的人进行惩罚。如果对方犯了错误,不遵守规则,那就要适当惩罚,让他们吸取教训。

57. 利用契约"武器"，给对方一些约束

在竞合博弈中，如何减少背叛行为的发生呢？最好的办法就是签订合约，约束对方的行为。如果对方发生背叛，将受到严厉的惩罚。只有提高背叛成本，对方才不敢轻易背叛，因为代价往往不是他们所能承受的。

梁小姐要装修自己的房子，但因为工作繁忙，没有太多时间去监督装修。因此，她只能将装修工程全权委托给一家装修公司。不过，这也并不是完全可靠的，现实中也会出现装修公司不负责任、敷衍了事，甚至以次充好的情况。

为了避免类似情况的发生，梁小姐与装修公司签订了合同，约定先支付部分装修费用，待装修公司在规定时间内按照标准完成装修后，再支付剩余费用。合同中还明确规定，如果验收时发现偷工减料或降低装修质量的情况，梁小姐将不支付剩余费用，并要求装修公司赔偿损失。

到了验收装修工程的那天，梁小姐带着懂行的朋友检查房子，没有发现任何问题，他们感到非常满意，于是愉快地付清了剩余的费用。

在这个例子中，梁小姐利用契约的力量与装修公司进行博弈。为了避免对方违约，她提前制定了标准，并约定如果对方违反规则，将采取什么样的惩罚措施。装修公司为了顺利拿到尾款，避免严厉的惩罚，只能认真对待这次装修。

李老师是某班的体育老师，他经常组织学生们参加体育活动。在这个过程中，他发现大家存在一个问题：经常迟到。每次组织活动，本来约定9点到学校集合，但总是有部分同学拖拖拉拉，延迟到9点15分才能出发。

为了能够保证在9点准时出发，他改变了策略，要求同学们8点45分就到校集合。这样一来，果然见效，最拖拉的同学也能够在9点准时出现。不过，过了一段时间后，同学们发现李老师还是按照9点的时间出发，于是就不再提前到校，又开始拖拉到9点15分。

在这个例子中，李老师虽然调整了策略，但仍然没有解决同学们迟到的问题。问题出在哪里呢？最根本的原因在于他没有让迟到的同学付出任何代价。如果他制定了迟到就要接受一定惩罚的措施，学生们会因为害怕惩罚而准时集合，不敢再拖拖拉拉了。

在老师与学生的博弈当中，学生们摸清了老师的脾气。既然早早集合也不能准时出发，就没有必要太早集合，浪费时间。对于他们来说，最佳策略就是等到最后一个同学出现时再准时到达，这样才不会浪费自己的时间。

因此，梁老师想要改变现状，必须制定契约，提前与同学们约定，如果迟到，将会受到相应的惩罚。比如，迟到1分钟，就要围绕操场跑1圈。在提出约定之后，如果还有人迟到，就按照约定严格执行。这样下去，他们很快就会变得守时。

那么，在博弈当中，如何利用契约去约束对方呢？以下几点是值得注意的。

第一，契约内容需落实到文字上。在博弈开始前，必须将契约内容落实为书面形式，可以通过合同、票据、邮件、信息截图、公证文书等形式记录契约的具体内容，并经双方确认，达成一致。

第二，监督对方的行为。在合作过程中，定期或不定期监督对方的行为，掌握对方的进度和具体落实措施。如遇到执行方面的困难，可以共同商讨应对的办法，以确保契约内容的顺利实施。

第三，契约要有执行力。没有执行力的契约毫无用处，必须要确保对方按照契约条款履行合作内容。如有延迟执行或执行不到位的情况，应随时按照约定条款进行相应的处罚。

58. "一报还一报"策略，通过制定惩罚维持合作

所谓"一报还一报"是指对方做了一件坏事后，必定会受到一次报复。通俗地说，就是以其人之道还治其人之身。在博弈中，使用一报还一报策略，就是先与对方合作，如果对方背叛自己，自己也进行背叛，或者采取相应的惩罚措施。

人性总有弱点。在与人合作和博弈的过程中，一味地做老好人，往往得不到理想的收益和结果。反而是适当露出獠牙，在对方采取背叛策略后，我们也立即强硬地采取行动，对方才会忌惮几分，不会一而再、再而三地踩我们的底线。

在合作博弈中，威严凌厉的策略是非常必要的。如果一味地展现菩萨心肠，被对方觉察后，背叛的概率就会提高。只有刚柔相济、宽严有序的策略，才能在合作中形成秩序。

甲公司与乙公司签订了广告服务合同。按照约定，乙公司为甲公司提供广告宣传服务，甲公司则按照合同约定每月向乙公司支付服务费用。在合作的前3个月，乙公司表现非常出色，广告物料按时提交，保质保量，并且积极与甲公司沟通广告宣传方案。

合作进入第4个月时，乙公司开始产生懈怠情绪。甲公司要求按时交付的广告物料，乙公司迟迟未能交付，导致新产品发布会未能顺利进行，给甲公司造成了一定的经济损失。

甲公司一怒之下，扣发了乙公司一半的月服务费，并提出警告：如果再犯类似错误，将终止合作。乙公司羞愧地道歉，并保证以后不会再犯这种错误。为了表示歉意，乙公司不仅接受了惩罚，还额外为甲公司提供了

几项不在职责范围内的广告服务。

接下来的几个月里，乙公司加倍努力，不但每个月按时提交广告方案和物料，还能提前完成，并提供多种备选方案，服务质量显著提高。两家公司的合作渐入佳境。在又一款新产品发布后，由于乙公司的密切配合，新品上市后销量迎来了大幅增长。

甲公司考察了乙公司这段时间的表现，觉得他们确实做得不错，因此给予了乙公司一大笔现金奖励，并适当地提高了服务费，还签订了下一年的合同。两家公司合作稳定，实现了长期的合作共赢。

在这个例子中，甲公司对乙公司采用的是一报还一报的策略。当乙公司在合作过程中敷衍了事，给甲公司造成损失时，甲公司果断处罚了乙公司，并提出了终止合作的警告，提高了乙公司再次背叛的代价。

但甲公司并没有立即与乙公司终止合作，并提出经济补偿，这是根据乙公司的表现而定的。乙公司道歉并保证改正，还提供了额外服务，合作态度良好，因此甲公司愿意再给乙公司继续合作的机会。

在接下来的几个月里，乙公司一直表现良好，并协助甲公司取得了业绩上的重要突破。因此，甲公司给予了乙公司现金奖励，并延长了合作期限。甲公司的这一举动属于奖励措施。

在博弈中，我们使用一报还一报策略，还需要注意哪些问题呢？

第一，一报还一报策略具有善意性。我们使用这个策略的目的是促进合作，而不是故意打击对方，切勿忘记初衷。在对方没有背叛我们之前，我们不会先背叛对方，这就是这个策略的善意性。

第二，一报还一报策略具有宽容性。使用这个策略，是基于对方的表现而给予的有力回击，背叛一次，报复一次，绝不恋战。在长期博弈中，合作者往往不会因为对方的一次背叛而永远终止合作，如果下一次条件合适，还会继续合作。

第三，一报还一报策略具有报复性。本质上，这一策略是对合作方背叛行为的惩罚。当对方做出背叛行为后，我们给予相应程度的报复，以降低对方再次背叛的可能性。

第七章

知进明退，弱者也能笑对博弈

59. 博弈中的以退为进，不失为一种智慧

古人云："留得青山在，不怕没柴烧。"在博弈中，以退为进，不失为一种智慧。古往今来，实力强大的人被中等实力者打败的例子不胜枚举。在实力不足时，后退几步，等待对手放松警惕，或在对手与他人斗争时突然出手，取胜的概率将大大增加。

两方博弈，图的不是你死我活、两败俱伤的悲壮结局。与其为了争一口气让自己损失惨重，甚至丢掉性命，还不如在形势不利时后退，保存实力，以求日后得到更多利益。实力不够时与对方硬拼，必然惨败收场，最终那口气也没有争到，面子也没有保住。

春秋时期，晋献公被谗言所迷惑，杀了太子申生后，又准备对太子的弟弟重耳下毒手。重耳听到消息后，悄悄逃出了晋国，在外流亡了十几年。

经过辛苦跋涉，重耳来到楚国。楚王觉得他气度不凡，日后应有大作为，便加以厚待。一次，楚王又设宴招待重耳，两人喝得正高兴时，楚王问道："我这样待你，你以后该怎么报答我呢？"

重耳笑答："如果我真的能够回国当政，一定与贵国交好。如果不幸发生战争，我将退避三舍。如果您仍然没有原谅我，我再与您交战。"

两年后，重耳经过努力，回到晋国成为国君，历史上称他为晋文公。在他的治理下，国家日益繁荣昌盛。

后来，楚国与晋国交战，两国军队相遇。晋文公想起曾经对楚国许下"退避三舍"的诺言，于是让军队后退九十里，在城濮驻扎。楚军看到晋

军退避，还以为对方害怕自己，便迅速追击。

晋军知道楚军骄傲自满，于是利用对方这个弱点，集中兵力与楚军对抗，最终战胜楚军，在城濮之战中取得了胜利。

在这个例子中，重耳就是一个懂得进退的人，所以他取得了巨大的成功。年少时，重耳历经苦难。在哥哥被杀后，自己又遭到追杀。既然没有能力与对方抗衡，他只好逃亡国外，先保住自己的性命。

面对如此重大的挫折，重耳并没有气馁。他退避到一个安全的地方后，暗自努力，奋发图强，为日后的进攻做准备。正因为他的坚韧和智慧，他得到了楚王的赏识和厚待，并约定两国交好。

经过十几年的厚积薄发，重耳当上了晋国国君，取得了历史性的成就。这时，事与愿违，曾经交好的楚国，现在要与他交战。实力强大的他，本来已经不需要再让着楚军，但他是一个遵守承诺的人，为了报答楚王，退军九十里。

奈何，楚军不懂他的心意，继续进攻。这时他没有再退，而是果断进攻，一举拿下楚军。可见，重耳是一个进退有度的人，无论在实力弱小的时候，还是在实力强大的时候，都能用后退来麻痹敌人，选择合适的时机进攻。

历史上有大作为的人，通常都是懂得进退智慧的人。

李忱是唐朝的第17位皇帝，人称"小太宗"。他是唐宪宗李纯的第13个孩子，从小不受皇帝重视，可想而知，日子并不好过。宫中各方势力都想欺凌他。

为了麻痹对手，李忱以退为进，装疯卖傻36年。即便遭受别人的恶意欺凌，他也忍气吞声，从未发作暴露。就连他的侄儿唐武宗李炎也不把他放在眼里，经常欺负他取乐，并给他取了个外号"光叔"。

无权无势的李忱忍辱负重36年后，终于迎来了翻身的时机，当上了皇帝。李忱掌权后，抑制宦官的权力，平定了中原和南疆地区，解决了边境祸乱，在历史上颇有功绩。

在这则历史故事中，李忱生于帝王之家，拥有帝王的血脉，却没有权力，处境非常危险。如果他不懂得退让，与人争斗，可能早早就失去了性命。正因为他采取了以退为进的策略，才得以麻痹敌人，保住性命，并在适当的时机崭露头角。

那么，我们在日常生活中，如何通过以退为进的策略，在博弈中取胜呢？

第一，让步是为了获利。暂时的忍让只是为了日后能够争取更大的回报。以退为进并不是毫无原则的退让，在应该得到利益时要为自己争取，在形势不利时则要懂得退后。

第二，早做准备，留下回旋的余地。遭遇困境时，退让是为了等待转机。千万不要等到危险降临才落荒而逃，而是要早早做好准备。退让策略是为了长期博弈，应该有环环相扣的长期计划。

60. 迂回策略：退一步进两步，逐步逼近目标

什么是迂回策略呢？迂回策略是在与他人博弈的过程中，采取曲折、委婉的方式达到目的，避开与对手正面交锋的对抗状态，采取以退为进、迂回前进、巧妙进攻的方式，使对方难以觉察并因此麻痹大意，最终轻松达成我们的目标。

很多时候，人们并不乐意接受别人过于直接的批评、建议或要求，甚至对此产生逆反心理，听不进这些逆耳忠言，反而攻击提出意见的人。为了避免不必要的麻烦和冲突，我们可以采取迂回策略，这样反而能让对方放下戒备心，增加说服对方的概率。

我们与人交谈时，必须学会采用迂回策略，特别是在有求于人的时候，更要顾及对方的感受，摸清对方的心思，再精准出击。

老板提出了一个新方案，让助理在半天之内做出一份30页的PPT演示文稿，并发给客户。助理知道在这么短的时间内根本不可能完成。老板从来没有做过PPT，不知道制作一页需要花费多少时间，因此也不了解完成这项工作需要多长时间。

助理如果这个时候直接拒绝老板，不但得不到老板的理解，还可能被骂一顿，认为助理存心拖延、推诿。于是，助理接受了工作，又用委婉的话术给自己留了一点儿余地："好的，老板，我马上去做！不过，给客户看的方案一定要做得漂亮一些。我需要设计师帮我精修几张图片，还需要文案帮忙写几段专业的产品宣传语。半天时间可能做不完，不过我会尽快做完的。"

半天过去后，老板来催工作进度。助理把完成的一部分工作展示给老板看，并告诉他，这里需要加两张图片，那里需要加一段文字。然后他又看向隔壁的设计师同事，询问对方图片修改得怎么样了。

设计师一边修图，一边说道："手上的这两张图片大概明天能完成，如果还需要十几张图片，加上我之前的工作量，那需要一周时间。"

助理此时打开了PPT的框架，向老板展示工作进度和所需时间："这份PPT分为三大部分，每部分的内容大约需要两天的时间。我会加班，争取在下周二之前完成。"老板意识到半天的时间无法完成这项工作，便默认了助理的时间安排。

在这个例子中，如果助理在接到工作后第一时间就直接说无法在半天内完成，老板是没有任何概念的。只有当这项工作有了初步框架，助理拿出详细的进度表，老板才能理解这项工作原来需要这么多时间。

我们在博弈当中使用迂回策略，还需要注意什么事项呢？

第一，把握迂回的尺度。采用这一策略时，切忌有"迂"无"回"，否则会离目标越来越远；也要杜绝有"回"无"迂"，以免引发激烈的冲突。

第二，因人而异，改变策略。使用任何策略，都要考虑博弈对象的喜好和心理状态。如果对方喜欢直言不讳，那就不适合使用迂回策略。如果事态紧急，也不适合采用迂回策略，而是要抓紧时间，直击核心目标。

61. 斗鸡博弈：关键时刻不要害怕"认怂"

两个强大的对手相遇，他们实力相当，互相进攻，只能两败俱伤。一方后退，一方进攻，则后退的一方被进攻的一方掠夺了资源，进攻的一方取胜。若双方都后退，则打成平手，两人既不算输，也不算赢。

在这样的博弈游戏中，我们应该采取什么样的策略呢？斗鸡博弈的模型研究的正是这样的情况：双人博弈中两个强者的对抗与冲突。

假设有两只实力相当的斗鸡甲和乙，每只斗鸡都面临两种选择：进攻和后退。如果斗鸡甲进攻，而斗鸡乙后退，则甲获得胜利，乙失去面子；如果斗鸡乙选择进攻，而斗鸡甲选择后退，则乙获胜，甲失败；如果甲乙互相进攻，两只鸡会两败俱伤，甚至丢掉性命；如果两只鸡都后退，谁都没有胜利，也不算输。

在这个博弈模型中，对于每只斗鸡来说，最大的收益就是自己进攻，而对方后退。但由于双方实力相当，对方是否会选择后退很难预测。如果采取进攻策略，有可能获得最大收益：胜利，也可能遭受最差的结果：丧命。

如果采取后退的保守策略，就没有机会赢得最大收益。但好处也显而易见：避免死亡或受伤的最差结果。这样看来，在斗鸡博弈中，最佳策略其实是后退认输，避开两败俱伤的激烈争端。

古时，有一位斗鸡训练名家，他的名字叫纪渻子。一次，周宣王请他帮忙训练自己那只准备上战场的斗鸡。

十天过去后，周宣王来查看训练进度，问他："训练好了吗？"纪渻子摇头说："还不行，它既没本事却还虚浮骄傲，意气用事。离我想要的境界还差得远。"

博弈智慧
权衡利弊，追求最优结果的一门学问

二十天过去后，周宣王又来询问纪渻子："这次训练好了吧？"纪渻子再次摇头："这只鸡斗气外露，心神过于活跃，还没到火候。"

三十天后，周宣王急不可耐地问："现在情况怎么样了？训练好了吧？"纪渻子胸有成竹地回答："大功告成！这只鸡已经戒掉了骄气，斗气深藏，心神安定，可以上战场了。"周宣王兴奋不已，前来观赛。

比赛即将开始，只见那只斗鸡呆如木头，面对对手的鸣叫挑衅毫无反应，周宣王失望至极，心想：这只鸡都被训练得呆头呆脑的了，怎么可能取胜呢？不料，纪渻子刚刚把斗鸡放进斗鸡场，别的鸡看到它就吓跑了，连和它斗一下的勇气都没有。

在这个故事中，我们看到，呆若木鸡的斗鸡不战而胜，靠的是以深藏不露的气势镇住了对手。它让对方猜不到自己的实力，在迷惑对手的同时，还可以让对手自乱阵脚，高估自己的实力，从而被吓跑。

由此可见，一个人如果修养到家，则可以不费一兵一卒，就能震慑对手。遇到强劲的对手，不一定要与对方针锋相对，好斗的竞争心理反而会造成紧张局面，让彼此仇视，甚至引发激烈的斗争。收敛竞争的心态，不把输赢放在眼里，反而棋高一着，掌握主动权，让对方处于被动状态。

在现实生活中，斗鸡博弈的情况经常发生。有些参与者宁愿丢掉性命，也绝不认输。这种心理是缺乏理性的，只得到了面子上的胜利，却没有产生任何收益。

其实，在博弈中，适当地示弱，可以避免我们陷入最糟糕的境地。因小失大，是最愚蠢的博弈策略，并不值得提倡。

在斗鸡博弈中，我们还应该注意哪些事项呢？

第一，进退有度，灵活自如。斗鸡博弈的场景，常常是棋逢对手，势均力敌，应该灵活掌握策略。敌退我进，敌进我退，打得过就打，打不过就跑，不丢人。

第二，秉持保本意识。好斗是人类的天性，但过于激进的策略会给我们的人生带来巨大的风险。秉持保本意识，能在一定程度上提醒我们避免损失。

62. 隐藏实力，不要过早成为强者的"靶子"

木秀于林，风必摧之。在博弈中，总是展示自己出类拔萃的一面，并不一定是好事，这样做可能会招来更多的对手。猎人的枪总是先打出头鸟，懂得隐藏的人，才能笑到最后。

藏而不露，是一种博弈手段，也是中国传统文化智慧的结晶。"隐藏"是一种高深莫测的境界，不轻易被人看穿，反而让人多了一些敬畏。在古代，真正的高手往往是深藏不露的，是人群中最不起眼的"扫地僧"。

1864年，曾国藩率领自己亲手组建的湘军打败太平天国后，主动向朝廷申请裁撤湘军，并为此找了一个堂而皇之的理由，说是自己带领的军队太多，裁掉一部分，有利于节省朝廷的开支。

表面上，这一举措是为朝廷着想，实际上，曾国藩这么做有两个真实的原因：一是怕自己功高震主，引起朝廷的不满，给自己招来祸端；二是湘军在打败太平天国后，作用已经不大，湘军的实力也开始大大减弱，成了"强弩之末，锐气全消"的鸡肋军队。

真正强大的军队是淮军。这支精锐的部队，被他悄悄地保留了下来。树大招风的湘军反而成为一种累赘，因此曾国藩想要裁掉它也是情理之中。

在这个例子中，曾国藩的裁军策略实际上是一种自我保护的生存之道。与君王共事的臣子，就像与虎谋皮，一不小心便有性命之忧。因此，曾国藩极其小心谨慎，利用障眼法，壮士断腕，主动砍掉一支在上位者看来极具威胁的军队。暗地里，他却总揽全局，抓住要害，培养真正核心的竞争力。

博弈智慧
权衡利弊，追求最优结果的一门学问

在博弈中，恰当地显露锋芒可以获得一定的机会，但也要掌握分寸。过度显露锋芒往往会树敌众多，招来各方势力的嫉恨和打击，折损自己的实力。无论是古代的功臣，还是现代的名人，往往在取得巨大成就之后，选择深藏身与名，通过隐退的方式来保护自己。不过，这并不是最高超的博弈技巧。真正高明的人，即使身居显位，仍然能够很好地隐藏自己。

在现实生活中，与人博弈不仅要善于隐藏自己的实力，还要善于隐藏自己的重要信息。过多地向对手泄密，将在关键时刻遭受重大的利益损失。

一个周末的下午，周女士家的洗碗机坏了，不能再使用。傍晚时分，家里急需使用洗碗机，她匆忙带上孩子，前往家具城，想购买一台新的。看到店员后，她便坦率地说出了自己的困境："我们家的洗碗机坏了，今天必须买一台新的，请给我介绍一下吧。"

店员知道生意来了，欣喜若狂，给她介绍了一台最贵的洗碗机。周女士简单地询问了这台洗碗机的情况后，便和店员讨论价格："这台洗碗机标价太贵了，能打折吗？"店员知道店里有打折促销活动，但想到周女士急着用洗碗机，就故意隐藏了这个信息。

"对不起，女士，我们这里的洗碗机明码标价，不讲价。我们这台洗碗机质量很好，物超所值，建议您还是直接买下。毕竟带着孩子逛街也挺辛苦的，遇到合适的就决定吧，我给您推荐的是性价比最高的一款产品。"售货员滔滔不绝，却没有让利的意思。

周女士感到无奈，她确实没有太多时间再货比三家了。附近的店铺都即将关门，如果再不购买，今晚就没有洗碗机可以用了。最终，她心不甘情不愿地以高价买下了洗碗机。

在这场博弈中，周女士之所以失败，是因为她透露了太多重要信息。一开始，她就让售货员知道她必须购买洗碗机，并且还带着孩子一起逛街。由于需要照顾孩子，她不方便逛太久。此外，临近电器城下班时间，周女士已经没有更多的选择了。

如果周女士计划周全，可以让亲人帮忙照看孩子，自己逛电器城。或者带着孩子悠闲地逛街，表现出可买可不买的那种漫不经心的态度，也没有说自己今天一定要买洗碗机，反而能占据优势。店员为了能卖出洗碗机，会给她一定的折扣，甚至生怕她不买，做出更多的让利。

那么，我们该在什么时候使用隐藏策略呢？

第一，在实力相当的同类面前要善于隐藏自己。在现实生活中，实力相当的人更容易忌妒身边的同类。当起点相同的朋友忽然赶超自己时，朋友可能会变成敌人。因此，在实力相当的人面前隐藏自己的实力是很有必要的。

第二，在觉察到危险时隐藏实力。在博弈中，要保持敏锐的嗅觉，当觉察到对手或上位者的威胁时，最好以最快的速度将自己的关键信息和核心竞争力隐藏起来。

第三，在弱者面前也不要得意忘形。骄兵必败是古老的教训，你永远不知道你看不起的弱者手里有什么牌，因此在弱者面前也切勿麻痹大意。

63. 人情世故博弈：不争才是上争

博弈中，存在这样一种情况。在单次利益分配中，把大的那份利益让给别人，自己拿小份的利益。从表面上看，在这次利益分配中，让利的人吃了亏。但从长远来看，一个懂得人情世故、处处谦让的人，必定能收获更好的人缘，大家都会愿意帮助他，有好事时也愿意叫上他。再次遇到利益分配时，别人也会主动把更大的那份利益返还给他。

从长远的角度来看，一次让利，博得多次利益，实际上是以小博大，用最小的成本换取最大的利益。古往今来，懂得笼络人才为自己所用的人，无一不是人情世故的博弈高手。

在《水浒传》中，宋江和武松这两个人物，大家都不陌生。同样是仗义疏财结交好汉，柴进接济了武松一年的时间，包他吃住，却比不上宋江花几天时间与武松相处，更得武松的忠心。

武松在老家与人打架斗殴，不小心把人打晕了。他以为自己打死人了，要吃人命官司，于是便离开家乡，到柴家避难。柴家的主人柴进喜欢结交天下英雄好汉，常常接济落难才俊。然而，武松在柴家住了一年，吃人家的，住人家的，却没有对这位主人表示过感谢。

后来宋江到柴进家做客，与武松擦肩而过。武松脾气火暴，又不认识宋江，第一次见面就与宋江发生摩擦，但宋江只是礼貌应对。后来经过柴进提醒，武松知道眼前的人是宋江，便与他交好。

宋江与武松一见如故，两人一起喝酒、休息、游玩。武松本来在身体和心理上都有些疾病，但与宋江交心之后，身心得到了疗愈和恢复。可见，宋江在笼络人心这件事上，比柴进高明得多。

宋江当时没有什么钱，柴进是个贵族出身的人物，财大气粗，经济条件比宋江好得多。从经济的角度讲，柴进在武松身上花的钱，肯定比宋江在武松身上花的钱多，收益却没有宋江大。最根本的原因在于，柴进不知道尊重和交心的重要性，而宋江却深谙此道。

在这个例子中，宋江用最小的成本——谦让、尊重、交心，换取了最大的利益，得到了武松的认可。而柴进尽管投入了很高的成本，却只获得了很小的收益。在人际交往的博弈中，真金白银往往比不上博取人心来得重要，得人心者得天下。

在楚汉战争中，张良、萧何和韩信共同辅佐刘邦夺取天下。当时楚军实力强大，刘邦被项羽打败。刘邦带着残兵败将在荥阳休整。萧何雪中送炭，在关中地区征兵后送到荥阳助力刘邦。

在东边攻下齐国的韩信却没有派兵增援，反而向刘邦提出要求，希望刘邦立自己为"假齐王"。刘邦大怒，觉得这个要求蛮横无理，分明在挑战自己的权威。张良劝他先稳住韩信，以防发生自相残杀的大叛变。

刘邦忍下这口气，立即改口道："韩信出生入死，南征北战，是个真英雄，哪里有做假王的道理？封他为真齐王！"随后派张良前往齐国，封韩信为齐王。韩信感动，后来帮助刘邦打败了项羽。

在这个例子中，韩信趁刘邦兵败之际，要挟其分割利益。刘邦心中不快，但在张良的点拨下，领悟了不争的智慧，使韩信断了非分之想，也有效地巩固了军心，稳住了大局。最终，韩信被刘邦重用，帮助他赢得了天下。

由此可见，人不能为了眼前的小利益争得头破血流。只有心怀大局，对人谦让，不把小利放在眼里，着眼核心利益，才能获得长远的发展。

在博弈中，我们应该从哪几个方面练就不争的智慧呢？

第一，学会妥协。善于低头是一种处世智慧，暂时的妥协是为了长远的利益。适当地忍让才能赢得更多的资源和人心。

第二，让渡利益。想要在某个领域占据一席之地，就要适当让渡利益。只有愿意分享利益的人，才会有追随者为他打天下。

第三，和气生财。与人和谐相处，是成大事的关键。不要为了微小的利益与人争执，做大事的人能看得更深、更远，也善于团结力量为己所用。

64. 鸡蛋碰石头不可取，弱者胜出要凭借技能

当我们遇到强劲的对手时，应该如何应对呢？显然，鸡蛋碰石头的策略是自取灭亡，是博弈中最差的选择。身处弱势，考验的是智慧和技能。为了保存实力和生机，我们不得不开动脑筋，运用一些策略和手段，使自己逃脱强者的围剿和猎杀。

自然界是一个巨大的博弈场，各种动物之间的生存博弈，往往能给我们带来一些启示。对于弱势的物种来说，当它们遇到强大的敌人时，硬碰硬是行不通的，这样做肯定会被对方吃掉。遇到强大的敌人，要么跑，要么躲，即便跑不过、躲不掉，还有绝处逢生的妙招。

负鼠在动物世界里并不讨人喜欢，因为它会使用"装死术"，因而被称为"狡诈的骗子"。然而，正是这种技能，使它逃过了比自己强大的敌人的追杀，让自己在危险的境地里也能顺利逃脱。

一天，一只负鼠被一只凶猛的狼追击，眼看负鼠就要成为狼的盘中餐，这时，奇怪的一幕发生了！负鼠忽然瘫倒在地，嘴巴张开，伸出舌头，艰难地呼吸，脸色渐渐变得苍白。慢慢地，它闭上了眼睛，尾巴卷了起来，肚皮鼓鼓的，身体剧烈颤抖，表情痛苦不堪。最后，它的呼吸和心跳也停止了。

眼前的情景把狼吓傻了。它很震惊，负鼠为什么会突然死去？是突然患病，还是暗中有埋伏？狼不敢贸然靠近这只反常的生物，只能静观其变。负鼠看到狼久久徘徊在自己身边，还没有离去，便开始使用第二个战术。

它从肛门处分泌出一种恶臭的黄色液体，让狼闻到后反胃。狼迟疑了一下，用爪子碰了碰负鼠的身体，负鼠一动不动。狼这才相信，负鼠是真的死亡了，而且尸体已经腐烂。狼不喜欢吃臭烘烘的烂肉，它更喜欢吃新鲜的食物，因此只能放弃这只负鼠，郁闷地离开了。

几分钟过去后，负鼠没有再听到狼的动静，确定狼已经离开后，才恢复正常。它警惕地巡视了一下四周，发现没有危险后，才爬了起来，赶紧逃跑，寻找一个安全的地方躲藏起来。

负鼠的装死行为，确实算不上英雄好汉之举，有人会瞧不起它的懦弱。不过，在面对死亡的威胁时，如果能用装死的技巧逃过一劫，已经是巨大的胜利。至于手段是否漂亮、是否体面，并不是那么重要。它已经通过这种手段避开了最大的威胁，得到了最大的利益。

在强弱悬殊的博弈中，"狭路相逢勇者胜"的策略是行不通的。将不利的局面转化为有利，需要智慧和技术手段的支撑，要随时调整自己的策略，在敌人放松警惕时，取得胜利。

子濯孺子曾代表郑国去攻打卫国，战败后逃跑，被卫国的庾公之斯追击。子濯孺子无奈地叹息："今天病发，没办法拉弓，我死定了。"又问车夫："是谁在追我？"车夫答："庾公之斯。"子濯孺子大喜说："那我不会死。"

车夫很疑惑："庾公之斯是卫国有名的射手，武艺精湛，遇到他追击，您还说死不了，没道理啊！"子濯孺子分析道："庾公之斯是尹公之他的学生，尹公之他是我的学生，尹公之他是正人君子，他的学生肯定也是正人君子。"

庾公之斯追到跟前，看见子濯孺子无动于衷，疑惑道："夫子为什么不拿弓呢？"子濯孺子说："我生病了，拉不了弓。"庾公之斯说："我向尹公之他学射箭，尹公之他向您学射箭，我不愿学了您的本领后，反而伤害您。不过，今天我和您战斗是国家之间的事，不能什么都不做。"说完，庾公之斯把箭头处理掉，然后用没有箭头的箭向子濯孺子射了四下，就转身回去了。

在这个故事中,庾公之斯身为强者,却放过了病弱的子濯孺子,为自己赢得了"不杀老师"的好名声,也为自己积攒了人情。万一以后与子濯孺子战斗失败,希望子濯孺子也能放过自己。

从子濯孺子的角度来看,他也是一个充满智慧的博弈高手。在战败后没有硬碰硬与敌人死扛,而是乘车逃跑,努力保住自己的性命。在得知追杀自己的人是学生的学生后,他便利用对方的美德和同情心,暴露自己生病的弱点,从而捡回了一条命。

那么,身为弱者,我们应该如何与强者博弈呢?

第一,适当放下尊严。在战斗中,没有实力的尊严是无用的。有时适当放下尊严反而能为自己谋得更大的利益。大丈夫能屈能伸,暂时屈居人下,不代表一辈子没有出头的机会。

第二,尽可能掌握几项求生技能。无论是在靠武力战斗的年代,还是在靠科技竞争的今天,拥有特殊才能的人往往能够逆风翻盘。我们要未雨绸缪,在危机来临之前就多学几门保障生存的技能。

65. 及时做出调整改动，打乱对方的部署

在长期博弈中，如果我们总是使用同一种策略，就会被对方识破，这对于博弈来说是非常不利的。对方会针对我们的策略采取反制措施，甚至制订一套非常完整的方案来对付我们。

只要仔细观察，就不难发现，在某些博弈行为中，对方的每一个部署都是事先谋划好的。如果我们被对方牵着鼻子走，就会进入圈套之中，完全陷入被动状态。

人总是很容易被既定印象所影响，按照惯性思维行事，难以打破既定规律。在博弈中，想要避开对方设置的陷阱，必须及时调整策略，克服改变带来的不适甚至是痛苦，打乱对方的精心布局。有时，采用出其不意的招数反而比循规蹈矩更容易成功。

在一次选美比赛中，考官为了测试某参赛选手的沟通能力和随机应变能力，提出了一个既简单又刁钻的问题："如果只给出两个选项，让你在肖邦和希特勒之间选择一位作为你的结婚对象，你会选谁？"

这个问题看似简单，二选一即可。不过，无论选择哪个答案，都容易掉入陷阱。如果她选择肖邦，会显得平庸，与其他参赛者没有什么区别。如果她选择希特勒，又容易遭受非议，毕竟希特勒是一个杀人魔，犯下了许多人类难以原谅的罪行。

参赛选手陷入了两难的境地。就在大家以为她无法回答时，这位选手经过短暂的思考后，说出了自己的答案："我选希特勒。"这个选择果然出乎大家的意料。台下议论纷纷，反应激烈，观众们都想知道她为什么会做

出这样惊世骇俗的选择。

参赛选手解释道:"如果我嫁给希特勒,我希望自己能够感化他,这样就可以避免第二次世界大战了。"听到如此机智的回答,台下报以热烈的掌声,考官对她的表现也非常满意。

在这个例子中,考官的问题显然是精心设计好的,目的就是要将参赛选手逼入绝境,看她是否能突破困境,给大家带来惊喜。如果她反应平平,观众显然不会记住她。如果她为了吸引关注而故弄玄虚,也会引起观众的厌恶。只有采用出其不意的策略,才能赢得大家的好感,也将电视节目的娱乐气氛推向高潮。

在博弈中,避开从众意识和惯性思维,使用出其不意的策略,往往能让我们化解困局,从被动状态反败为胜,重新掌握主动权。

某天,一位作家的家里突然闯进一个强盗,拿着武器逼迫他把钱都交出来。突如其来的威胁让作家内心恐惧。但他很快冷静下来,明白这是一场生死博弈,因此克制住内心的恐惧,表现得镇定自若。他拉开抽屉,露出一沓现金,十分大方地说:"要多少,随便拿。"

强盗惊呆了,这种情况他从来没有遇到过。按照惯例,主人应该慌张恐惧,只求饶命。现在事情完全出乎他的意料,反而让他内心不安,开始顾虑起来:"这人为什么不害怕我?难道他是警察?或者附近有警察监视着这一切?我会不会已经落入了他们的陷阱……"强盗越想越慌张,最终转身逃跑了。

后来,犯罪心理专家对这样的案例进行分析时说,遇到抢劫时大声呼救或逃跑都是强盗预料中的反应,他们已经习以为常。被抢者越是这样表现,越能提高强盗抢劫的成功率,而这位作家出其不意的策略,打乱了强盗的部署,让对方自乱阵脚,只好逃跑了。

在现实生活中,我们应该如何灵活调整自己的策略,以在博弈中提高取胜概率呢?

第一,反应敏捷,让对方措手不及。在重要的谈判中,如果我们的每一步行动都在对方的预料之中，那么对方就会有一种稳操胜券的优越感。如果我们反应灵敏，做出一些让对方措手不及的举动，就能在心理上占据有利地位。

第二，隐藏规律，让对手捉摸不透。再厉害的人，也会有弱点。如果我们让对方知道了我们的策略和规律，那必然会被对方成功攻破，处于被动位置。

第三，适当运用随机策略。随机策略并不是随意出招，而是基于经验和预判，根据博弈对象的反应出招，以达到迷惑对手的目的。

66. 不被"沉没成本"所惑，关注"机会成本"

在日常生活中，我们经常会遇到这样的情况：花费了大量的时间、精力和金钱去做一件事情，却没有得到很好的回报。想要放弃，又觉得已经投入了太多成本，只能硬着头皮坚持下去。这一现象涉及沉没成本的问题。

所谓沉没成本，是指以往发生的、但与当前决策无关的成本。如果我们在做决策时，不仅考虑这件事情对我们目前是否有好处，还考虑到过去在这件事情上的投入，我们就把这些曾经发生、现在不可收回的成本称为沉没成本。这些成本不仅包括金钱，还包括时间、精力等一系列损失。

在博弈中，如果我们过于在乎沉没成本，就会得不偿失。下面这个例子正好说明了这个问题。

有一个孩子，手里拿着一盘豆子，蹦蹦跳跳地走在乡间小路上。忽然，一个不留神，他手里的一颗豆子掉落在草丛中。他把整盘豆子都放在路边，趴在地上，用小手一点一点扒开草丛，寻找那颗豆子。

可是，他从下午找到天黑，也找不到那颗豆子。精疲力尽之后，他终于无奈地放弃了寻找，准备拿起放下的那盘豆子回家。让他没想到的是，放在路旁的那盘豆子，已经被路过的鸡鸭鹅吃得干干净净，只剩下一只空盘子。

看完这个简单的小故事，我们可能觉得小孩子太傻了，为什么会因为一颗豆子而损失一盘豆子呢？事实上，很多时候，我们在做选择时，也跟这个孩子差不多。如果一颗豆子代表着沉没成本，整盘豆子代表着目前持有的大部分成本，你会因为一颗豆子而浪费整盘豆子，再搭上一个下午的时间吗？

相信看懂这个故事的朋友，一定会做出理智的选择。对于沉没成本，我们只有忽略它，才能及时止损。如果一味地执着于沉没成本，还会丧失很多重要的机会。因此，我们应该卸掉沉没成本带来的负担，多多关注机会成本。

什么是机会成本呢？机会成本原意是指企业为从事某项经营活动而放弃从事另一项经营活动的机会，或利用一定资源获得某种收入时所放弃的另一种收入。引申到现实生活中，就是指我们为了做某件事，放弃了做另一件事的机会和收益。

人的精力是有限的，应该做出什么样的选择，才能获得更多的收益呢？下面这个例子或许会给我们一些启示。

从前，甲、乙两个樵夫上山捡柴，忽然发现了两袋棉花。他们喜出望外，因为棉花的价格要比柴薪高很多。两人背着棉花，一起回家。

走到半路，樵夫甲发现地上扔着一大捆上等的细麻布，足足有十几匹。麻布的价格比棉花贵。于是，甲和乙商量，扔掉棉花，一起把麻布背回去。乙不愿意，他认为自己辛辛苦苦背着棉花走了一半的路，现在扔掉真的太可惜了。甲无奈，只能自己扔掉棉花，量力而行地背了一些麻布继续往前走。

又走了一段路之后，甲发现路边散落着几坛闪闪发光的黄金，他毫不犹豫地扔掉麻布，用袋子装上黄金。他好心劝乙扔掉棉花，换成黄金。乙拒绝了，认为自己背着棉花走了这么久，扔掉太可惜了，而且黄金未必是真的，到时候白费力气，只能一无所有。

就这样，甲背着黄金，乙背着棉花继续往前走。两人走到山脚，忽然下起了雨。棉花吸足了水分，沉重得无法负担。乙只好扔掉棉花，两手空空地和背着黄金的甲一起回去了。

在这个故事中，樵夫甲每次都能抓住机会，获得更多的收益。而樵夫乙因为执着于沉没成本，死守着原来的选择，只能错过宝贵的机会。

在博弈中，我们应该如何处理沉没成本与机会成本呢？

第一，审时度势，接受变化。我们的策略选择应该与时俱进。随着时间的推移，曾经最好的选择可能变成了最糟糕的选择。当新的机会出现时，旧的选择尽管产生了沉没成本，但我们应该放弃原来的选择，抓住新的机会。

第二，权衡利弊，放眼未来。对于沉没成本，既然已经成为过去，我们应该采取"两害相权取其轻"的态度。对于机会成本，我们应立足当下，放眼未来，"两利相权取其重"。

67. 适当留点余地，避免两败俱伤

在博弈中，难免会有竞争与纷争。面对纷争，是给对方留点余地，还是抗争到底，两败俱伤也在所不惜呢？从收益上看，选择宽容对方，往往比两败俱伤更有性价比。一般来说，我们不伤害别人，对方也不会伤害我们。然而，也会有人因为利益关系，向我们发起争斗，这时我们也应尽量避免激烈对抗，寻求更好的解决之道。

甲和乙都是本地的建材商人，两人因为争夺客户而陷入了僵局。甲经常对他接触到的建筑师和承包商造谣，说乙的产品有问题，谁买谁吃亏。不过，大部分建材使用者都具备专业知识，甲的造谣行为并没有对乙造成多大的影响。

乙始终相信，只要自己的产品质量过关，就没有必要像甲一样采取恶性竞争。然而，甲三番五次的造谣和挑衅行为，让乙觉得非常恼火，乙想找个机会，狠狠地教训甲一番。

乙把自己的想法告诉了好朋友丙，丙却劝他说："以甲那种性格，你要教训他，他会更加嚣张地报复你。你们冤冤相报何时了？都把心思放在恶性竞争上，哪里还有精力做生意？不如宽容处理，以德报怨，化解你们的矛盾，反而有互惠互利的可能。"

在丙的劝说下，乙开始心平气和地面对自己和甲的关系。有一次，一位客户找乙购买建材，但乙这里没有客户需要的型号。乙想到甲的公司可能有这种型号的建材，便打电话到对方那里询问。

甲接到了乙的电话，以为对方是来报复找事的，没想到乙竟然给他介绍了顾客。甲感到非常羞愧，在和客户成交后，给了乙一些报酬。从那以

后,甲没有再针对乙,反而把不适合自己的客户介绍给了乙。乙和甲也进行了更多的合作,两家公司从恶性竞争变成了合作共赢的关系。

在这个例子中,乙面对甲主动挑起的纷争,并没有采取报复的手段,而是采取了宽容的策略,从而感化了对手,实现了共赢。如果乙也像甲一样进行攻击,除了让双方陷入口碑极差的糟糕境地之外,并没有任何益处。正因明白这个道理,乙选择了息事宁人,以德报怨。

在日常生活中,我们难免与身边的人发生冲突和争执。这时,即便自己站在道德的制高点,也不妨给别人留些余地,让他们自己好好反省,而不是寸土必争,赶尽杀绝,以免引起更大的纷争和报复。

杨翥的邻居丢失了一只鸡,误以为是杨翥偷的,于是在背地里说杨翥的坏话,骂他是个偷鸡摸狗的人。其他邻居听了这些话,觉得对杨翥不公平,便将这话告诉了杨翥。然而,杨翥只是一笑了之,并没有过多计较。

每次下雨,杨翥邻居家的水就会流到杨翥家里,导致他的家里又脏又潮湿。有人看不下去,让杨翥去找邻居评理,杨翥虽然把一切都看在眼里,但他并不在乎,只是轻描淡写地说:"没关系,下雨潮湿的日子总是少见,天晴干燥的日子比较多。"

久而久之,邻居被杨翥豁达的心胸所感染,不再与他针锋相对。有一次,邻居得知有一伙盗贼想抢劫杨翥家的财物,便主动组织其他乡民一起守夜,保护杨家,使杨家避免了一场灾祸。

在这个故事中,杨翥与邻居的相处是一场长期的博弈。他采取了宽容忍让的策略,最终赢得了邻居的尊重和回报。邻里之间,是一种低头不见抬头见的熟人关系。维护好这些关系,只有好处,没有坏处。

在博弈中,我们应该如何处理与他人之间的纷争呢?

第一,不主动惹事。得饶人处且饶人,在现实生活中,只要我们不主动惹事,不挑起纷争,就已经避免了90%的矛盾。在这个世界上,大多数人还是喜欢和平相处的。

第二,给对方留一条生路。对于无法避免的纷争,我们要给对方一条生路,因为给别人生路,也是给自己留后路。

68. 学会放弃，主动咬断"尾巴"

在博弈中，我们经常需要做出艰难的选择，对某些利益进行取舍。这时无疑是痛苦的，毕竟谁也不想牺牲自己的利益。然而，在特殊情况下，如果不放弃一小部分利益，将会影响到整个战局的胜利。此时，小的利益反而成了拖累，一着不慎，满盘皆输。

在自然界中，一些动物遇到危险时，会断尾求生。壁虎就是最常见的例子。在正常生活中，它不会断尾，但当它受到外力牵引或遇到敌害时，尾部肌肉会剧烈收缩，使尾部断落。相比于壁虎的尾巴自然断落，很多动物为了保住性命，需要做出比壁虎更痛苦的选择，因为它们需要自己弄断肢体。

在我国历史典籍《战国策》里，记载了一则"虎怒决蹯"的故事：一只老虎在森林里寻找食物，不小心落入了猎人的陷阱，它的脚掌被套住，无法挣脱。这时，猎人慢慢地向陷阱走来，准备击杀老虎。老虎为了求生，忍着痛苦，用锋利的牙齿咬断了被套住的脚掌，拖着伤残的腿，逃离了猎人的陷阱。

老虎虽然失去了一条腿，却保住了性命，这种牺牲是值得的。无论是在自然界中，还是在人类历史上，像老虎这样为了保全性命而做出牺牲的例子比比皆是，下面这位户外运动者断臂求生的的故事就是其中之一。

阿伦是一位经验非常丰富的户外运动爱好者，他攀登过的4200米以上的山峰就有将近50座，在这个过程中，他积累了很多生存技能，能自如应对各种各样的野外风险。

一次，他到野外进行攀岩活动，在攀岩过程中，突然遭遇意外，一块巨石从上方滚落下来，紧紧压住他的手臂，让他无法脱身。他试过各种办法把手抽出来，都没有成功。所以只能静静等待救援。

然而，3天过去了，他还是没有遇到救援人员，随身携带的水和食物已经耗尽。如果再不离开，去别的地方寻找食物和救援，就会活活饿死、渴死，或者因受伤而死。于是，他想到了截肢求生。

他利用随身携带的小刀将右臂从肘部割断，进行简单的包扎止血，离开了原地。随后，他借助攀岩绳子，滑入18米深的峡谷，行走了8千米后，终于被旅游者发现，得到了救援。在医生的救助下，他脱离了生命危险。

后来，救助人员评价说，如果阿伦没有断臂求生，他很有可能会困死在巨石下。

动物和人类断尾、断掌、断臂求生的故事告诉我们，在关键时刻，懂得放弃的重要性。当必须取舍时，不应犹豫，丢车保帅是理智之举。只有顾全大局，才能赢得生机。在我国古代历史上，存在着很多这种丢车保帅的例子。

战国后期，赵国北部经常受到匈奴兵的侵扰，边境不宁。赵王派大将李牧镇守雁门。李牧策划了一套战术，攻打匈奴。他派出部分士兵保护百姓外出放牧，匈奴人上当了，派出小股骑兵前去劫掠。两军交手时，李牧的士兵假装败退，留下部分人员和牲畜作为诱饵。

匈奴人满载而归，觉得捡了便宜。匈奴单于认为，李牧从不敢出城迎战，是个胆小懦弱的人，便带领大军攻打雁门。

李牧了解了匈奴兵的心理，预料到他们骄傲自满必定会失败，于是兵分三路，将敌军分割成几处，逐个围歼。匈奴兵因为轻敌鲁莽，没有进行周密的计划，最终大败。

在这场战争中，李牧使用了断尾求生的策略，牺牲了一小部分利益，赢得了全局的胜利。在博弈中，难免会遭遇困境，需要放弃部分利益。在这种情况下，我们应该怎么做，才能避免更多的损失呢？

第一，合理配置资源。在博弈中，一定要将最优质的资源放在最有价值的事情上，不能要求面面俱到，事事完美。砍掉一些代价大、收益小的项目或事件，集中资源放在重要方向上，更有利于整体发展。

第二，设定止损线。做任何事情，都需要有止损线。投资失败，达到某个数字时，就需要放弃这个项目；在一件事情上，花费多少时间、多少成本，如果没有得到预期收益，就要果断放弃。

第三，保持警觉性。在博弈中，需要高度敏感，保持警觉，预判风险何时到来，在造成损失之前果断撤退。

第八章

总结教训,不断提升自己的博弈智慧

69. 离开"局中人视角",从高处俯瞰博弈

当局者迷,旁观者清。在博弈中,与其深入其中,与对手缠斗,不如坐山观虎斗,利用置身事外的智慧,看清全局。在多方博弈中,无论谁先开战,没有加入战斗的一方反而处于优势地位。态度模糊中立,战斗中的两方都愿意拉拢第三方。

《左传》记录了这样一则故事:春秋战国时期,韩国和赵国激烈交战,魏国按兵不动。韩国派人到魏国借兵攻打赵国,魏文侯说:"赵国和我是兄弟之邦,我不能出卖兄弟。"赵国派使者向魏国借兵攻打韩国,魏文侯又说了同样的话,把赵国的使者劝退。

两国使者借兵失败,无奈归国。回国后,两地使者发现魏文侯竟派使者前来劝说,希望两国平息战火,化干戈为玉帛。韩、赵两国感激魏文侯的情谊,向他致谢。

后来,魏国逐渐成为三国之首,实力雄霸于各诸侯国之上。

当时,韩国和赵国实力相当,都没有办法消灭对方,因此两国都想借助魏国的力量打败对方。在这种情形下,魏国帮助哪个国家,就会让哪个国家取得胜利。然而,魏国并没有这么做,而是置身事外,以中立的姿态调停两国战争,成为和平的使者,因此取得了三国关系中的主导地位。

在现实生活中,因为置身事外而取得优势地位的例子也并不少见。

甲乙两个室友因为一点小事吵得不可开交,渐渐发展到毁坏对方物品、撕扯对方头发的地步。同住的丙看不下去,上前劝架说:"你们俩是最好的朋友,这么多年的友情了,为一点小事吵成这样,值得吗?"

第八章 总结教训，不断提升自己的博弈智慧

说着，丙给两个人分别倒了一杯水，让她们喝几口水，冷静冷静。甲乙两人吵得口干舌燥，感激地看了几眼丙，都停止了争吵，各自干自己的事情去了。

后来，甲乙两位室友和好了，请丙吃大餐，并夸赞丙仗义大方、好相处。丙笑了笑，其实她那天只是以局外人的态度，处理她们之间的争吵。如果她当时加入任何一方，一起对付另一方，争端只会越来越激烈，而且她还会被其中一方怨恨。

城门失火，殃及池鱼。战争的复杂性让人无奈。看到战火蔓延，我们是选择火上浇油，还是用一盆冷水将火浇灭，抑或走为上策呢？这是极其考验个人智慧的，应该根据具体情况而定。在这个世界上，总是会有战争和博弈，我们不能无端卷入他人的战争，浪费我们的宝贵资源和精力。做一个置身事外的智者，不失为上策。

在博弈当中，我们又应该如何使用置身之外的智慧策略呢？

第一，理智地分析当前形势。置身事外并不是让我们逃避博弈和竞争，而是尽可能地保全自身，看清楚在这场战局中各方的利益关系，明确自己在这场关系中的位置和实力，合理选择适当的手段，在战局中掌握主动。

第二，精准把握入局时机。过早地进场，介入竞争和博弈，反而容易沦为战争的炮灰；太晚入局，又可能错过获益的机会。因此，我们要以局外人的身份，审时度势，看准机会，蓄势待发。

70. 认清"协和谬误",不要让自己一错再错

在博弈论中,有一个经典的博弈模型,叫作协和谬误,这个模型在现实生活中比较常见。所谓协和谬误,是指在博弈中,参与者对一件事情投入了一定的成本之后,发现继续进行下去是低效率、低回报或者极其困难的,却因为已经投入了巨大成本而继续进行下去。

协和谬误的概念来源于协和飞机事件。20世纪60年代,英法两国联合研制协和飞机。这种飞机体积大、配置豪华且飞行速度快,但耗资高昂。

项目开展不久后,英法两国政府就发现,继续开发下去耗资巨大且前景不明。如果停止研制,损失也将非常大,因为前期已经投入了不少成本。为了不浪费已经投入的成本,研制工作只好继续进行。

最后,协和飞机虽然研制成功,但由于其耗油大、噪声大、污染环境、运营成本高等缺陷,不受市场欢迎,英法两国因此蒙受了巨大损失。如果他们能及早放弃研发,可以将损失减少,但他们没有这样做。最终,协和飞机被市场淘汰,英法两国在这件事情上才得以止损。

协和谬误的例子在生活中随处可见。我们往往会错误地估算一件事情带来的收益。当事情进行到某个阶段时,问题和弊端开始出现,但我们因为前期投入了一定成本而舍不得放弃。

在唐代李肇所著的《国史补》中,记载着这样一则故事:有一辆载满瓦瓮的车行驶在泥泞不堪的道路上,车子负担过重,导致车轮陷入了泥坑中,难以上来。这条路非常狭窄,只够一辆车通行,装满瓦瓮的车子挡住了去路,后面的车辆和行人无法通过。

当时天寒地冻,道路潮湿滑腻,被困的行人饥寒交迫。一位被堵在后面的商人走到前面一探究竟,他看到瓦瓮车的主人用尽力气,想把车子从泥坑里拉出来,但因为瓦瓮车负担太重,不但没有拉出来的迹象,反而越陷越深了。

面对严重的堵车问题,商人想到了一个解决之道。他走到拉车的人面前,询问:"你算算车上的瓦瓮一共值多少钱,我全都买了。"车主人盘算了一番,说出了总价。然后,商人从自己的车上拿出了贵重物品,抵给瓦瓮车的主人。

之后,他又命人将车上的瓦瓮全部推到路边的悬崖下。瓦瓮车变成空车后,很快就从泥坑中出来了。道路恢复畅通,问题得以解决。

在这则故事中,瓦瓮在车子陷入泥坑之后,就变成了沉没成本,堵塞了道路,浪费了路人的时间。在这种情况下,瓦瓮不仅成了车主的负担,也成了路人的负担。如果不想办法解决,就会一直耽误大家的时间,谁也得不到好处。

这时,商人做了一件正确且慷慨的事情,他替车主承担了瓦瓮的成本,掏钱将这些瓦瓮买下来之后,丢下了悬崖,让道路恢复通畅,不再耽搁时间。如果商人不这么做,那么道路会一直堵塞,大家都得饿死在路上。

在现实生活中,当我们做出错误判断并继续下去时,不但没有收益,反而损失越来越大,这时就要果断放弃。在现实中,通常不会有人像故事里的商人一样,为我们的错误买单,所以我们必须自己承担后果,避免继续犯错。

在博弈中,想要避免协和谬误,就需要牢记以下原则。

第一,事先慎重决策。在做决定前,应该深思熟虑,做好调查和分析,判断当时的形势,是否值得投入成本,用长远目光分析预测这件事情的收益,以及对自己未来的影响。只有事前慎重决策,才能尽可能避免成本的浪费。

第二，事后勇敢放弃。一旦发现某件事已经陷入了协和谬误的两难境地，那么一定要具备壮士断腕的勇气，放弃对沉没成本的执着，防止自己在错误的道路上越走越远，造成更多的损失。

第三，不要滥用协和谬误。一定要认真分析当前的形势，判断是否真的陷入了协和谬误，不要因为懒惰或其他原因，给一件本来正确的事情贴上协和谬误的标签，从而半途而废。

71. 路径依赖博弈：别让过去的策略困住了你

什么是路径依赖呢？简单地说，就是惯性思维。诺贝尔经济学奖得主道格拉斯·诺斯在解释路径依赖时，曾经如此说道："一旦人们做了某种选择，就好比走上了一条不归路，惯性的力量会使这一选择不断自我强化，并让你难以轻易脱离。"

在博弈中，有些参与者总是非常擅长总结经验，将好的决策保留下来，不好的策略淘汰掉，形成非常便捷的解决问题的惯用决策。从效率上说，这是一个非常好的方法，然而弊端也是显而易见的，这会形成路径依赖，从而被对手所洞察。

一条好的博弈路径，固然可以让博弈进入良性循环，在短时间内优化资源和策略。但一条坏的博弈路径，却像一条不归路，使博弈者在惯性思维中失去创新和突破，逐渐丧失竞争力。因此，摆脱路径依赖，才能实现更好的成长和发展。

科学家曾经做过这样一个实验，以证明路径依赖的顽固性。他们把四只猴子关在一个地方，很少喂食物，让它们挨饿，然后放下一串香蕉。一只饥饿的猴子快速冲向前，想要吃香蕉，但它还没拿到香蕉时，就触动了机关，被热水烫得直叫。后面三只猴子轮流上前拿香蕉，同样被水烫到，于是它们只好放弃。

几天后，实验者放进来一只新猴子，换走一只老猴子。当这只新猴子想要去拿香蕉时，就被其他三只老猴子阻止了。

过了一段时间，实验中又换进了一只新猴子。当这只新猴子去拿香蕉时，不仅被水烫过的老猴子会阻止它，连那只没有被水烫过的猴子也会阻止它。

后来，当所有被热水烫过的老猴子都被替换掉，只剩下一群没有被烫过的猴子，热水机关也被取消之后，依然没有一只猴子敢去拿香蕉。

在猴子实验中，我们不难看出，动物们对经验的路径依赖根深蒂固。即便经验已经过时，甚至并不是猴子们的亲身经历，仅仅是其他同类的间接经验，它们依然无法摆脱这种路径依赖。

其实不光是猴子，在现实生活中，人们在各个领域里，都或多或少受到路径依赖的影响。下面这个例子恰好说明了这个问题。

现代铁路两条铁轨之间的标准距离是四英尺八点五英寸（1435毫米）。这个标准是按照电车设计的；而电车的轮距标准，又是前人根据马车的标准设计的。马车的标准之所以是四英尺八点五英寸，是因为英国马路辙迹的宽度是四英尺八点五英寸，所以如果马车使用其他轮距，它的轮子很快会在英国的老路上损坏。

再往前追溯，整个欧洲的长途道路都是罗马人为军队建设的，而四英尺八点五英寸正是罗马战车的宽度，这个标准距离是由牵引一辆战车的两匹马的屁股的宽度决定的。原来，罗马时期两匹马的屁股的宽度决定了现代铁轨的宽度。

上面的例子可以形象地反映路径依赖的形成与发展过程。在现实生活中，一旦形成路径依赖，想要完全摆脱将变得十分困难。那么，我们该如何跳出惯性思维的旋涡，避免路径依赖所带来的弊端呢？

第一，勇于改革。无论是在商场、工作还是在个人发展的道路上，只有勇敢地进行变革，才能摆脱路径依赖。人之所以依赖过去的路径，说到底是因为懒惰，或者是因为新的突破没有足够的利益诱惑。

我们应该每隔一段时间就给自己设定新的目标，去追求新的成就。只有当新的目标充满吸引力时，才能引领我们去突破、改革和创新。有了新的视野，才能战胜懒惰和惯性，从而摆脱路径依赖。

第二，果断执行。很多时候，博弈者并非没有意识到自己受到了路径依赖的束缚，也为了突破和创新，制订了多个备选方案。然而，基于对成功经验的依赖，很多人并没有勇敢地迈出创新突破的第一步，而是在守旧与创新之间瞻前顾后，患得患失。

只有果断执行，勇敢实施改革方案，为了长远利益放弃眼前的安逸和懒惰，才能摆脱拖泥带水和犹豫不决的状态，抓住崭新的机会，迈上新的台阶。

72. 蜈蚣博弈：用全局眼光看待问题

蜈蚣博弈是博弈论中的一个经典模型。它是一个双人博弈，两人轮流行动。轮到一方时，有两种选择：不合作，博弈将结束，获得当下收益；合作，博弈将继续进行，且轮到对方选择是否合作。如果对手选择不合作，博弈结束，参与者将获得比上一轮稍低的收益；但如果对手也选择继续合作，参与者将在之后的博弈中获得比上一轮更高的收益。随着博弈的不断进行，双方的收益之和会越来越高。博弈进行有限轮次，若双方一直选择合作，两人最后的收益相同。

在蜈蚣博弈的模型中，到底是选择合作还是不合作呢？如果从全局的角度来看待两人的合作，那么选择合作，两人的收益之和会越来越大，符合共赢的长远利益。因此，在长期博弈中，选择合作的整体收益更大。

在短期博弈中，背叛的一方将会获得更大的收益。因此，越接近博弈的结束，双方背叛的可能性就越大。如果让对方知道这次合作是最后一次，那么背叛就是必然的结局。因此，最好的策略就是不让对方知道这是最后一次合作。

《笑林广记》里面就记载了这样一个故事。

一个客人去理发店剃头。在第一次交互中，理发师选择了背叛，剃头很不认真，敷衍了事。尽管如此，客人却选择了合作的态度，不但没有责怪理发师，还多付了一半的钱。

后来，这位客人第二次光临这家理发店。理发师记得他上次多付了钱，出手阔绰，因此这一次加倍用心，花了平时两倍的时间为客人理发。服务结束后，客人却没有支付更多费用，只是给了正常收费标准一半的钱。

剃头匠十分疑惑，向客人询问："为什么我上次剃头不认真，你却多给了我费用，这次我这么用心地为你服务，你却只给了一半的钱呢？"客人解释道："今天的剃头钱，我上次已经付过了。这次付的钱，是上次的剃头钱。"

这个故事中的情形，是典型的蜈蚣博弈。剃头匠在第一次与客人交锋时，以为这是单次博弈，所以选择了背叛。客人出人意料地在对方选择背叛时仍选择了合作。然而在第二次博弈中，客人选择背叛策略，让剃头匠措手不及，成功挽回了上一次的损失。

相传，秦宣太后守寡后，宠爱魏丑夫。后来，太后得了重病，觉得自己将不久于人世，对魏丑夫恋恋不舍。于是，她下了一道命令，让魏丑夫为她陪葬。听到这个命令后，魏丑夫十分恐惧，到处找人帮忙，希望太后收回成命。

大臣庸芮接下了这个艰巨的任务。他见到太后，说道："请问太后，人死后会有知觉吗？"太后莫名其妙，不知道他的用意，只是随口说道："没有。"庸芮接着说："既然没有，又何必将心爱的人置于死地呢？如果人死后有知觉，那在阴间的先王肯定已经知道您和魏丑夫的关系了。您到了下面，向先王请罪都来不及，怎么还有心思和魏丑夫在一起呢？"

听到这话，太后内心震动，随后收回了成命。庸芮成功救下了魏丑夫的性命。

在这个例子中，庸芮能够说服太后，是采用了目标推导法。说服太后放过魏丑夫是目标，那么太后为什么会放过魏丑夫呢？因为庸芮利用了她对亡夫的愧疚心理。如何能激发太后对亡夫的愧疚心理呢？通过告诉太后她死后会遇到亡夫，带着魏丑夫下阴间是不妥的。如何能在话题中引出太后的亡夫呢？可以把"人死后有没有知觉"作为谈话的切入点。

目标推导法，可以步步为营，给博弈对手布下天罗地网，让对方一步步走进自己的陷阱。

那么，在日常生活中，如何使用蜈蚣博弈，取得最大的利益呢？

第一，长期合作，把蛋糕做大。我们知道，在蜈蚣博弈中，合作的次数越多，双方的利益总和越高。因此，选择合作共赢是长远发展的道路。如果不得不终止合作，也尽量不要让对方察觉到自己的意图，以免遭遇背叛。

第二，谨记目标，不忘初心。在博弈中，一定要树立明确的目标，然后使用逆向推导法，根据目标制订实施步骤，从最后一步推导到第一步，其目的是让对方与我们合作，配合我们实现目标。

73. 重新认识木桶效应，不必跟短板死磕

美国管理学家彼得曾经提出木桶效应，意思是一只水桶盛水的多少，并不取决于桶壁上最高的那块木板，而是取决于桶壁上最短的那块木板。这个理论告诉我们，一个人的最高成就或一个企业的最高效益，不取决于个人或企业的最大优势，而取决于其最大短板。因此，补短板便成了提高个人或企业竞争力不可忽视的一项措施。

不得不说，这一理论符合一定的逻辑，但是在实际行动中，无论是个人还是企业，花大量的精力和资源来补自身的短板，效率不高，收益也不大。毕竟，短板不是一下子可以补齐的。于是，有人提出了新的木桶理论，认为把木桶放在斜坡上，盛水量就可以由最长的那块木板决定。

那么，在博弈中，如何找到或创造出那个斜坡呢？我们可以把斜坡当作博弈的规则。如果由我们自己来制定游戏规则，那么整个环境都将有利于我们发挥自己的优势。也就是说，旧的木桶理论只适用于常规环境，而新的木桶理论则适用于规则不完善或者拥有新规则的环境。

如果可以主动创造和改变博弈中的规则，则有利于我们扬长避短，掌握主动权。

孙膑觐见魏惠王，魏惠王有心刁难孙膑，因此给孙膑出了一个难题："我听说你才华出众，如果你有办法让我从座位上下来，我必定会重用你。"说完这话，魏惠王心里已经打定主意，绝不离开座位，孙膑也不能把他怎么样。

孙膑灵机一动，不慌不忙地说："您贵为一国之君，我当然没有办法

让您从座位上离开，但如果您从座位上下来，我倒是有一个办法让您再回到座位上去。"

魏惠王心想："那就看看你有没有这样的本事。"于是，他不服气地从座位上下来。离开座位之后，魏惠王才后知后觉：上当了！已经离开座位了。

在这个故事中，孙膑通过改变博弈规则赢得了胜利。君王身居高位，拥有绝对的话语权和行动自由，这是魏惠王的优势。孙膑无法命令君王，这是他的弱势。如果孙膑用自己的弱势去对抗君王的优势，将毫无胜算。他也没有办法改变自己的弱势，超越君王的权力去发号施令。

于是孙膑改变了游戏规则，利用魏惠王的逆反心理，让他自愿离开座位，而不是被迫离开座位。

在博弈中，我们不能用自己的短板去跟别人比拼，也不能一味去补短板，希望它能快速补齐，这显然是不现实的。我们应该想办法跳出常规的机制，独辟蹊径，这样才有可能发挥特长和优势。

小强在高考时没有考好，只考上了一所没有名气的大专院校。有人建议他复读，考一个更好的学校，但他拒绝了。因为他很清楚，自己在学习方面并没有太大的天赋。即便再复读，也不可能考出很好的成绩。相反，他很小就表现出了优于同龄人的商业才华。高中三年的费用，都是他自己挣的。

在大学期间，小强善于拓展人脉，将其为己所用。对于课程，他只求及格毕业，不追求成绩拔尖，而是将更多时间投入到自己的创业项目中，并参加了大学生创业大赛。在大赛中，小强不仅获得了奖金，还因此结识了赞助商和投资人，得到了可观的投资。

大学毕业后，同学们忙于考研或找工作，小强则创立了自己的公司，逐渐发展壮大，成为该领域中具有较强竞争力的企业家。他因此比其他同学更早实现了买房买车的目标，也比其他同学更早积累了雄厚的资产。

在这个例子中，小强知道自己的短板是学习能力差，长处是优秀的商业才华。因此，他没有走常规路线，与其他同学竞争学习成绩，而是发挥自己的优势，在另一个环境中进行竞争，最终取得了理想的成就。

在博弈中，我们应该如何利用木桶效应，实现自己的目标呢？

第一，正确认识自己的长处和短处。如果连自己的长处和短处都无法分辨，就贸然行动，脱离常规环境去小众领域或环境中竞争也是行不通的。在没有长处的情况下，就需要有意识地挖掘和培养自己的长处。

第二，敢于进入新环境和新领域。在博弈中，当我们发现自己的长处，并瞄准一个脱离常规竞争机制的环境和领域时，不妨大胆入局，抓住对自己有利的机遇。在新的环境中，由于尚未形成固定的规则和束缚，更容易脱颖而出。当然，选择这一策略，对博弈者的眼光要求较高。

74. 优劣博弈：优未必胜，劣也未必汰

优胜劣汰，本是自然规律。然而，在博弈中，拥有优势地位的人，也可能因麻痹大意而被对手拉下马；处于弱势地位的人，也可以奋起直追，赶超对手。在这个竞争激烈的世界里，不能因为暂时处于劣势而消极等待，也不能因为暂时处于优势而扬扬得意。优势和劣势是可以互相转化的，尤其在动态博弈中，各方的地位更不可能一成不变。

在一条街上，新开了一家小吃店，售卖各种新鲜美食。小店面积不大，装修也很简单，只有几张桌子和一排椅子。角落里设有一个小厨房，用透明玻璃隔开，一目了然，干净整洁。

小店隔壁是一家装修豪华的酒楼，已经开了好几年，拥有许多老顾客。面对新开的小店，酒楼老板不屑一顾，毕竟小吃店实在太不起眼，根本无法与自家的酒楼相比。无论是卫生、菜品、环境还是服务，酒楼老板都做得很到位，深受顾客们的喜爱。

一开始，小吃店并没有多少顾客，店老板很无奈，只能天天钻研新菜品，吸引顾客的注意。过了一段时间，小店的顾客渐渐多了起来，并且给予好评。顾客们开始推荐熟人过来消费。

渐渐地，小吃店的人流量越来越大，已经需要预订才有位置了。为了满足不断增长的顾客的需求，店老板只好再开了一家新店，同样也很快爆满了。

与此同时，酒楼的生意一落千丈。酒楼老板很纳闷，打电话去询问曾经的客户，为什么都不过来吃饭了。那些顾客告诉他，楼下的小吃店菜品

丰富又便宜，每隔一段时间就有惊喜，酒楼的菜品虽不错，但吃多了也会腻。听到顾客的意见，酒楼老板恍然大悟，开始研究新菜品。

在上面的例子中，酒楼本来占据优势，经过一段时间的博弈后，反而处于劣势。而小吃店本来处于劣势，因为不甘落后，努力提升实力，走特色化差异路线，最终打败了对手。

优势与劣势，有时并不那么绝对。在战争中，聪明的人会利用自己的弱点，麻痹对手，将劣势转化为优势。

在《三国演义》中，张飞喜爱饮酒，酒后总是闯祸，这是他的一大弱点。因为喝酒，他把徐州弄丢了，这一弱点也因此广为人知。后来，张飞巧妙地利用这一弱点，大败张郃。

当时，张郃率领大军进攻巴西，在地势险要的地方扎营，一半人马出战，一半留下守寨。张飞探得消息后，设下埋伏，两边夹攻，打得张郃节节败退。随后，张飞又连夜追击，将张郃驱赶到宕渠山。

张郃败退回营后，只守不攻。张飞派军士骂阵，想要激怒他，但张郃始终不出战。张飞无计可施，与张郃对峙了五十多天，终于想出了一条妙计。他在山前住了下来，每天喝酒，喝醉后就盘腿坐下，大骂张郃，一副醉鬼模样。

刘备知道张飞的做法之后，非常担心，于是找诸葛亮商量。诸葛亮笑着说："这样啊！只怕军营里没有好酒，成都的好酒很多，派三辆车拉上五十坛，送到军营里给张将军喝吧！"

刘备震惊道："我这个兄弟经常因为醉酒耽误事情，你怎么还给他送酒？"

诸葛亮解释道："你和他做了这么多年兄弟，还不了解他吗？他这人性格虽刚强，但在前不久攻取西川的过程中懂得义释严颜，已经有所成长，不再是一介莽夫了。现在他与张郃僵持了五十多天，又在喝醉之后不顾形象地骂人，这不是因为他好酒，而是战胜敌人的计谋。"

诸葛亮说对了。张郃中了张飞的计，趁着张飞又一次喝醉的时候，派兵偷袭张飞的军营。不过张飞早有准备，大败张郃。

在这个例子中，张飞在与敌人博弈的过程中，屡次因为喝酒误事，造成重大损失。他开始总结教训，利用自己这个弱点麻痹敌人，引诱敌人出战，又偷偷做好准备，进行反攻。这就是利用弱点转换成优势的经典案例，值得我们在博弈中借鉴。

那么，我们如何利用优、劣势进行博弈，增加取胜的概率呢？

第一，处于优势时，也要保持警惕。骄兵必败是博弈中的常见现象，千万不要因为自己暂时处于优势地位而骄傲自满，不思进取。要知道，很多人是败在自己的优势上。我们应该引以为戒，时刻警惕别人窃取自己的胜利果实。

第二，处于劣势时，找到自身特色。处于劣势的博弈者不应自暴自弃，而应分析形势，找出自身的特色，避开竞争者的长处，走差异化的道路。这样更有利于突破困境，反败为胜。

75. 用别人的批评照见真实的自己

在人际博弈中，我们难免会遇到批评和否定。面对这种情况，是虚心接受，反思自己的过错，从而让自己成长；还是为了面子与之对抗，甚至用更恶毒的手段报复对方呢？很显然，理性的人会选择前者。

在别人的批评中，也有一部分是客观的意见。真心的朋友和正直的人才愿意指出我们的错误，而虚伪的人只知道阿谀奉承。没有利益关系，谁也不愿意冒着得罪人的风险去批评别人。因此，如果我们一味抵抗或逃避别人的批评，可能会错过重要的真相和成长的机会，还可能错过与人品正直的人的交往。

唐太宗是一个乐于接受他人批评的人，他时常对大臣们说："古往今来很多帝王一生气就随便杀人，我常常提醒自己要引以为戒，不犯这样的错误。为了国家的繁荣昌盛，你们可以指出我的错误，我会虚心接受。"他言出必行，用实际行动履行了自己的承诺。

一次，唐太宗到洛阳，因为当地供应的东西太差发脾气，魏徵当即劝谏道："隋炀帝追求享乐，到处出游，生活穷奢极欲，最后民不聊生，自取灭亡。圣上治理天下，应该引以为戒，躬行节约，怎么能发脾气呢？如果大家都效仿，这个国家会变成什么样子？"唐太宗接受了他的批评，改变了自己的态度。

还有一次，唐太宗准备修建洛阳宫，一位县丞皇甫德参上书反对说："修建洛阳宫，劳民伤财；收取地租，使人民的负担加重；天下妇女流行高髻，是模仿宫里的女性（统治者应该以身作则，杜绝穷奢极欲的风气)。"

唐太宗看了奏章后大发脾气,怒道:"他是想让国家不役使一个人,不收一分租金,宫里的女人都变成秃子,他才会满意!"魏徵连忙解释说:"臣子提意见,言辞不激烈您不会重视,言辞太激烈又冒犯了您,希望您多多理解。"

唐太宗听后,接受了批评,心平气和地派人赏赐了皇甫德参。由于唐太宗总是能够听取大臣们的意见,接受批评并改正错误,最终才有了大唐盛世。

人无完人,犯错是很正常的。唐太宗贵为天子,都能虚心接受别人的批评,改正自己的错误,使自己一次次获得成长,更何况我们普通人,实在没有必要讳疾忌医,把别人的批评和意见挡在门外。

在这场皇帝与臣子们的博弈中,如果唐太宗也像那些昏君一样,听不进大臣的意见,动辄因为大臣的批评而杀人,那以后根本不会有人敢于提意见。这样一来,君臣关系恶劣,皇帝身边也只剩下不肯说真话的奸臣和小人了。这对于国家和他本人来说,都是相当危险的事情。

古往今来,但凡能成就一番事业的英雄豪杰,大多拥有过人的格局和胸襟,能够听取他人的意见和批评,分辨出哪些是忠言,即便逆耳也愿意接受。

武则天是一代女皇,她不仅善于治理国家,也善于接受文武百官的意见。对于有才华的臣子,即便在言语上冒犯了她,她也不计较,反而重用对方。

根据史料记载,身为"初唐四杰"之一的骆宾王,曾因为追随徐敬业反对武则天,成为"谋逆造反"的骨干。他在自己撰写的《讨武曌檄》中,列举了武则天的罪状,把这位女皇帝骂得狗血淋头。

武则天非但没有因此而迁怒于他,反而对他的文才大加称赞。甚至还抱怨宰相:"有这样出类拔萃的人才,竟然让他流落在外,不被重用,这就是宰相你的过错了。"

武则天身居高位，巴结她的人大有人在，但她依然保持高度警惕，明辨是非真相。对严厉批评她的人，她也不责怪，反而欣赏和赞美对方的才华。正因为她能拥有这样的格局，围绕在她身边的贤人志士才不会少。

在人际博弈当中，我们应该如何面对批评呢？

第一，保持冷静和理性。面对批评时，应淡定从容，保持冷静和理性，避免争吵或过于激烈的情绪反应，先心平气和地理解批评的内容。

第二，考虑批评的价值。对于客观的评价，不要一味地忽略或抵触，要学会从批评中筛选出对自己有益的部分，吸取其中的养分，助力自己成长。

第三，善于听取劝告，勇于改正。如果在批评中察觉到自己犯了错误，就不要强词夺理、逃避责任，而应直面错误，认真改正。

第四，学会接受真实的自己。在批评中认清自己的过错、短处和不足，接受它们并加以改变。只有正确认识自己，才能不断修正自己的言行，成为一个优秀的人。

76. 厘清眼下形势，寻找占优策略

在博弈中，有时并不存在最优解，那怎么办呢？选一个对当下来说相对占优的策略。有人可能觉得这是一种将就，但在很多情况下，根本就不存在完美的策略。我们只能根据当下形势，见好就收。千万不要困在"最优解"中作茧自缚，白白浪费了时间和机会。

两千多年前的某一天，哲学家苏格拉底的三个学生向他请教如何找到理想的配偶。苏格拉底并没有直接给他们答案，而是带着三个学生来到一片麦田边，让他们轮流穿过这片麦田，选取最大的一株麦穗。规则是：不能回头，且只能摘一株。

第一个学生刚进入麦田里走了几步，就看见一株比较满意的麦穗。他很高兴，以为这是最大的麦穗，毫不犹豫地把它摘了下来。当他往前走了一段路之后，看到很多更大的麦穗，不由得后悔了。

第二个学生吸取了第一个学生的教训，他没有急着摘麦穗，而是一直往前走。虽然看到了不少饱满的麦穗，但总是想着，更大的还在后头。于是，他挑挑拣拣，犹豫不决，直到走到尽头才发现，已经错过了最大的麦穗，只好随便摘了一株小的。

第三个学生吸取了前两个学生的教训，大致看了一眼麦田，并暗暗将麦田估算后分为大致相等的三段。走第一段时，只是观察，不做采摘，并将麦穗分为大、中、小三类，分别记录它们的大小。

走到第二段时，他开始检验自己的判断，训练自己的眼光。走到第三段时，他已经能够分辨哪些是比较大的麦穗。于是，他从比较大的麦穗里

选了一株摘下来。尽管不能确定这是否是最大的一株，但他已经很满足了。

在博弈中，我们做决策往往就像选麦穗。太多选择让我们无法分辨优劣，只能大致估算哪一株收益最大。急于下手可能错过大的麦穗，犹豫不决也会丧失机会。只有用全局的眼光进行大概的估算，反复验证自己的预判后，得到一个大差不差的答案，抓住最后的机会，果断下手。这样，无论选哪一株，都不会后悔，因为这已经是当下的最优选择。

在博弈中，我们如何根据当下形势，做出占优策略呢？

第一，尽力争取最大利益，也要随机应变。能实现利益最大化的策略当然是最好的，但如果没有这个选项，就要见机行事，尽可能把损失降到最低，这也是一个不错的选择。

第二，果断行动，降低选择成本。在紧急情况下，很难掌握全局形势，因此应从局部形势入手，一旦发现利益点就果断行动，切勿过多犹豫，贻误战机，导致最终一无所获。

77. 当心冲动的感性思维，它会诱导你做出错误的判断

对于博弈者而言，理性是最重要的心理素质之一。如果丧失理性，放任感性思维主宰自己的大脑，则很容易做出错误的决策。人在面对诱惑的时候，比较容易被感性思维控制。琳琅满目的商品、香气四溢的美食、色彩鲜艳的衣服，深深吸引着消费者的目光，随时等待着他们打开钱包。

每年春天，各种应季水果纷纷上市，这对消费者来说是极好的消息。然而，对于水果商来说，就未必如此。他们冬季里积压的水果还没有卖出去，怎么办才好呢？降价销售会损失很多利润，于是他们想到了一个办法，把一些新鲜的叶子装饰在水果上面。

大家看到这些叶子，仿佛看到了果树，感性的思维占据了大脑，以为这些水果是刚刚从枝头上摘下来的，于是蜂拥而上，把水果抢购一空！买回家后才发现，这些并不是新鲜水果，而是在冷库里储藏了一个冬天的水果。就这样，大家为了几片叶子，买了积压的水果。

除了水果，还有一个常见的例子，就是钻石。其实钻石并不比其他宝石更珍贵，从蕴藏量来说，并不比其他宝石稀有，但它的价格却很昂贵。大家争相购买，觉得它能代表忠贞的爱情。其实，这都是商家精心营造的浪漫氛围罢了。大家喜欢买钻石，大多是受了广告的影响，那句"钻石恒久远，一颗永流传"的广告语，深深打动了大家感性的心。

其实，无论是水果还是钻石，失去理性判断的消费者，都在为自己的感性思维买单。此时，人们所做的决策已经失去了理性，不再用经济价值

和实用价值来衡量商品,而是根据自己的情绪和喜好做出判断。然而,这些情绪和喜好也受到了商家的操控。

除了消费博弈,在日常生活中,也有很多问题需要我们运用理性的思维去做出判断。只有看清事物的本质,问题才能得到根本性的解决。

有一次,孔子在周游列国的旅途中被困,七天没有吃过一粒米,饿得发慌。

一天,颜回带回来一些粮食,在屋檐下煮白米饭。快要煮熟的时候,孔子发现颜回抓了一把米饭,放到嘴里吃。

饭煮好后,颜回请孔子吃饭。孔子假装没有看到刚才发生的事情,说:"我刚才梦见先人来找我,想用一些干净的、没人吃过的米饭,拿来祭拜祖先。"

颜回如实地说:"这锅饭不行,我已经吃过了。刚才有灰尘掉进锅里,我抓出脏的米饭,扔掉又浪费粮食,所以我就把脏的米饭吃了。"

孔子恍然大悟,刚刚还以为颜回在偷吃米饭,如今真相大白,不得不反省。他感叹道:"原以为眼见为实,实际上眼睛看到的未必可信,靠内心的想法来判断事情也不一定可靠。看来想了解一个人是不容易的。"

在这个故事中,孔子看到颜回在做饭时,将一把米饭塞入口中,误以为他在偷吃米饭,对其人品产生了怀疑。于是,在吃饭前孔子试探颜回,说自己要用干净、没人吃过的米饭祭拜先人,看看颜回是否承认偷吃米饭。没想到,颜回告诉他,米饭上有灰尘,刚才吃掉的是脏米饭。

由此可见,要看透事物的本质,需要理性判断。如果孔子没有试探颜回,只看到他吃米饭,就根据表面现象判断他偷吃,那他就误解了颜回的人品。眼见未必为实,脑子里猜想的,也未必是事实。

在博弈中,我们应该如何保持理性,避免感性思维占据上风,从而影响我们的决策和行动呢?

第一,增强分析能力,做出正确决策。博弈靠理性取胜,直觉在决策时能起到一定作用,但它只是辅助。我们需要锻炼自己思考问题、分析问题、看透事物本质的能力。遇到问题时，不要情绪化，而要冷静下来，罗列所有关键信息，做出正确判断。

第二，远离不利环境，避免错误决策。充满感性氛围的环境不利于我们做出理性决策，而过于巨大的诱惑也让人难以抵制。既然无法拒绝诱惑，那就远离充满诱惑的环境，走为上策，或者在一开始就拒绝进入这种场合。

第三，弱化对手的理性判断。想要在博弈中取胜，也可以逆向思考，弱化对手的理性判断。比如激将法、利诱等。

78. 利用"圈子",双边博弈可以变成多边博弈

在博弈中,一个人单打独斗,往往会势单力薄,力量不足。如果能够灵活地建立、利用圈子,开发更多的资源,或找到一个强有力的策略,将自己的影响力渗透到某一个圈子,把双边博弈变成多边博弈,则会事半功倍。

王大妈经常在市场里买菜,喜欢讨价还价。

周一,她在一号摊主这里买白菜,摊主开价3元钱一斤,王大妈指了指不远处的十号摊主,叹息道:"那位大姐昨天愿意以2.5元钱一斤的价格卖给我,我买了两斤。可惜她今天不卖白菜,你如果愿意以2.5元钱一斤卖给我,我会经常来你这里买。"

一号摊主经常看到这位王大妈,觉得她可以发展成老顾客,于是答应以2.5元钱一斤的价格把白菜卖给她。

周二,王大妈光顾了十号摊主的菜摊,如法炮制。白菜售价2.5元钱一斤,王大妈指着一号摊主,叹息道:"昨天,一号摊主愿意以2元钱一斤的单价把白菜卖给我,可惜她今天不卖白菜,你如果愿意以2元钱一斤的价格卖给我,我会经常来你这里买菜。"

十号摊主想长期留住这个顾客,于是答应了她的要求。就这样,王大妈经过多边博弈,把白菜的价格从3元降到了2元,得到了最优惠的价格。

接下来的几天,她又如法炮制,光顾不同的菜摊,选择不同类型的蔬菜货比三家,讨价还价,争取每一种蔬菜都拿到最优惠的价格。王大妈这种做法,就是最大程度地利用多边博弈争取利益。

在这个例子当中，王大妈通过建立和利用"买菜圈"，周旋在不同的摊主之间，利用他们互相竞争的心理，把买菜价格压到最低，同时拥有了更多的买菜渠道和买菜资源。

善用圈子，不仅能争取到资源和利益，还具有实施监督，建立良好个人形象等作用。在与他人竞争和合作的过程中，如果担心对方不守承诺，可以在圈子中互相交换信息，让更多的人监督他的一举一动，增加他的背叛成本。这样一来，对方会因为担心名誉受损而不得不遵守承诺。

一般来说，在集体监督的环境下，人们会产生道德压力，不会轻易做坏事。同时，我们也可以利用社交圈的力量，证明自己的人品值得信赖，是个可靠的人，树立良好的个人形象，赢得更多靠谱的合作机会。

我们在日常生活、工作乃至商业合作中，常常和博弈者处在共同的圈子里，名誉就是金钱，没有人愿意为了小利益而损坏自己的名声，影响自己今后的长期发展。

除了朋友和合作者之间，还有一种特殊的情况，那就是身为领导、老师等权威人物，如何震慑下级或追随者，使对方愿意听从自己，配合自己的行动方案呢？其实也可以利用圈子的影响力，建立自己的威信，把双边博弈变成多边博弈。

在日常生活中，我们应该如何利用圈子，增加自己的博弈筹码呢？

第一，善用朋友圈。在朋友圈文化日益流行的今天，一个人的朋友圈基本上就是他的社会关系网。这里聚集了各个领域、各个地域的人物，大家互相提携，也互相监督。我们可以利用这一监督和惩罚体系，促使合作者更愿意遵守道德和规则。

第二，共享信息，建立自己的舆论系统。我们可以在各个圈子里，比如同学、同事、家族、专业领域等人群中共享信息，树立自己的形象，在渗透自己影响的同时，将这些环境培养成自己的舆论系统。